稼げる農業

AIと人材がここまで変える

日経ビジネス編

日経BP社

はじめに

世界的に和食ブームが広がり、海外からの訪日観光客は日本の農林水産物や食文化のレベルの高さに感嘆の声をあげている。その一方で、農村や農作業の現場の苦境はいよいよ深刻化し、斜陽産業の象徴のように語られる。

光と影のようなコントラスト。これが紛れもない日本農業の現実だ。

このまま長期衰退傾向に歯止めが掛からず、じり貧の一途となるのか。それとも長年の課題を一つひとつ解消し、日本経済の成長分野へと転換していけるのか。日本農業は今、重大な岐路にさしかかっている。

多額の予算を投入するも弱体化する農業

貿易自由化の節目となった1993年（平成5年）の関税貿易一般協定（GATT）ウルグアイ・ラウンド合意後、政府は6兆円余りの対策費を含め、過去20数年の間に「競争力強化」などの名目で農業分野に多額の予算を投入してきた。だが、お世辞にも国内農業の体質強化に結びついてきたとは言い難い。

農業総産出額は、ウルグアイ・ラウンド合意翌年の1994年（平成6年）の約11兆3100億円から2015年（平成27年）には約8兆8000億円へと約22％減少した（図1）。野菜、果実、畜産などは経営改革が実を結んで生産額減少に一定の歯止めが掛かっているが、とりわけコメの低迷傾向が顕著だ。

コメ生産の落ち込みは生産量を減らして米価を維持する生産調整（減反）の影響が大きい。農地への優遇税制、所有・利用規制などの保護政策も背景に小規模・零細な兼業農家が維持され、経営規模の拡大や専業化が進みづらい状況が継続してきた。コメが「日本農業問題の本質」といわれるゆえんだ。

農業者の高齢化も一段と進んでいる。農業を主な仕事としている基幹的農業従事者数でみると、1995年（平成7年）は256万人で平均年齢は59・6歳だった。それが20年後の2015年（平成27年）には175万人まで減り、平均年齢は67歳になった（図2）。直近の2016年（平成28年）2月時点では、この大切な農業の担い手は159万人にまで一段と減っている。

高齢化は、主要国と比べると突出している。図3で明らかなように、65歳以上の農業従事者の割合は日本がずば抜けて大きい。さらに図4を見ると、特に稲作の基幹的農業従事者の高齢化が進んでいることがわかる。主に零細な稲作農家の大量離農がこれから本格化してくるのは確実だ。

これまで日本農業を支えてきた層の高齢化が一段と進行し、離農が増加していることで、農地の状況も深刻だ。図5のように、農地面積はピーク時の1961年（昭和36年）の609万haからこの54年間で約26%も減った。耕作放棄で荒廃した農地は27万ha強の水準で推移している（図6）。

日本農業がこのように弱体化してきたのは、「農業＝保護の対象」という位置づけが長らく続き、ほかの業種では当たり前の収益向上を目指すというビジネスの基本がないがしろにされてきたことが大きな要因として挙げられる。

コメに比重を置き、手厚く保護する農政を続けた結果、非効率な兼業農家が温存されてきた。その多くは生産から販売まで農協に依存し、それが農協の経営を支え、政治、関連業界などとの護送船団方式の維持につながった。こうした構図が日本農業の構造改革を妨げてきたのだ。

参入へのハードルが高く、経営の自由度が小さく、儲けが少ない。そんな農業の現

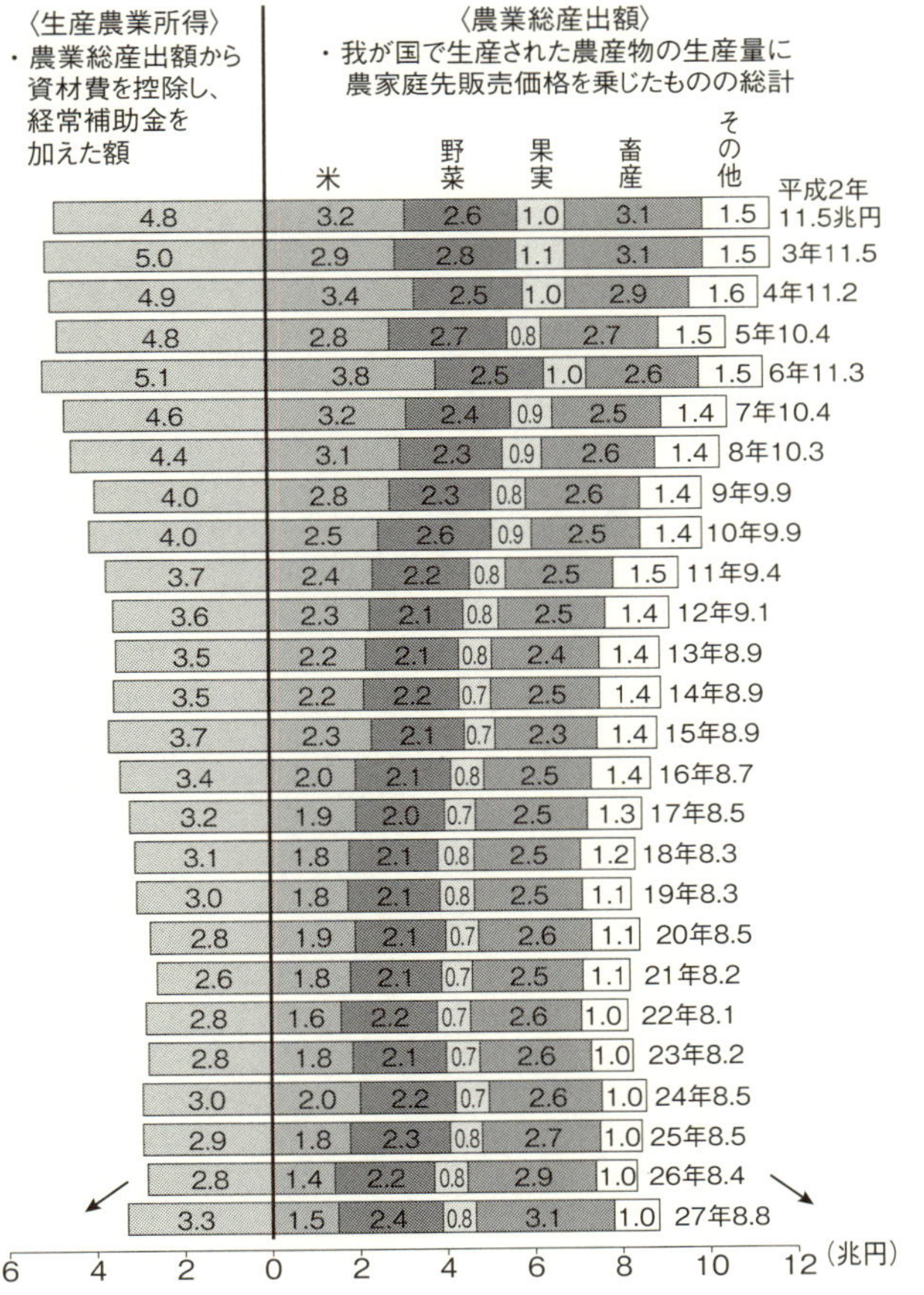
〈生産農業所得〉
・農業総産出額から資材費を控除し、経常補助金を加えた額
〈農業総産出額〉
・我が国で生産された農産物の生産量に農家庭先販売価格を乗じたものの総計
米
野菜
果実
畜産
その他
4.8 3.2 2.6 1.0 3.1 1.5 平成2年 11.5兆円
5.0 2.9 2.8 1.1 3.1 1.5 3年11.5
4.9 3.4 2.5 1.0 2.9 1.6 4年11.2
4.8 2.8 2.7 0.8 2.7 1.5 5年10.4
5.1 3.8 2.5 1.0 2.6 1.5 6年11.3
4.6 3.2 2.4 0.9 2.5 1.4 7年10.4
4.4 3.1 2.3 0.9 2.6 1.4 8年10.3
4.0 2.8 2.3 0.8 2.6 1.4 9年9.9
4.0 2.5 2.6 0.9 2.5 1.4 10年9.9
3.7 2.4 2.2 0.8 2.5 1.5 11年9.4
3.6 2.3 2.1 0.8 2.5 1.4 12年9.1
3.5 2.2 2.1 0.8 2.4 1.4 13年8.9
3.5 2.2 2.2 0.7 2.5 1.4 14年8.9
3.7 2.3 2.1 0.7 2.3 1.4 15年8.9
3.4 2.0 2.1 0.8 2.5 1.4 16年8.7
3.2 1.9 2.0 0.7 2.5 1.3 17年8.5
3.1 1.8 2.1 0.8 2.5 1.2 18年8.3
3.0 1.8 2.1 0.8 2.5 1.1 19年8.3
2.8 1.9 2.1 0.7 2.6 1.1 20年8.5
2.6 1.8 2.1 0.7 2.5 1.1 21年8.2
2.8 1.6 2.2 0.7 2.6 1.0 22年8.1
2.8 1.8 2.1 0.7 2.6 1.0 23年8.2
3.0 2.0 2.2 0.7 2.6 1.0 24年8.5
2.9 1.8 2.3 0.8 2.7 1.0 25年8.5
2.8 1.4 2.2 0.8 2.9 1.0 26年8.4
3.3 1.5 2.4 0.8 3.1 1.0 27年8.8
6 4 2 0 2 4 6 8 10 12 (兆円)

出典：農業総産出額及び生産農業所得（農林水産省）をもとに作成

図１　農業総産出額と生産農業所得の推移

実に若い世代が魅力や可能性を感じにくいのは当然のことだったといえる。

こうした日本農業の苦境に歯止めを掛けるべく、政府・与党もここにきて矢継ぎ早に手を打ち出している。

農業改革を推し進める安倍政権

2012年（平成24年）末に発足した第2次安倍晋三政権は「強い農業」を成長戦略の柱の1つに位置づけた。海外との競争にさらされるTPP（環太平洋経済連携協定）参加に備え、従来の保護中心の農政から生産性向上や経営力強化につながる施策や輸出振興策に軸足を移す姿勢を鮮明にしたのだ。

安倍政権での農業改革の第1弾はコメの生産調整（減反）の見直し、農地の大規模化推進、企業の農業生産法人への出資要件の緩和など規制改革の3つが柱だ。コメの生産調整は2018年（平成30年）に廃止し、農家が自由に生産しやすくするとともに零細農家の退出を促す狙いだ。農地の集約に向けては都道府県ごとに「農地中間管理機構」を設け、点在する農地を借り上げ、生産者に貸し出す仕組みも導入した。

第2弾として農協組織にメスを入れた。農協改革を岩盤規制改革の目玉と位置づ

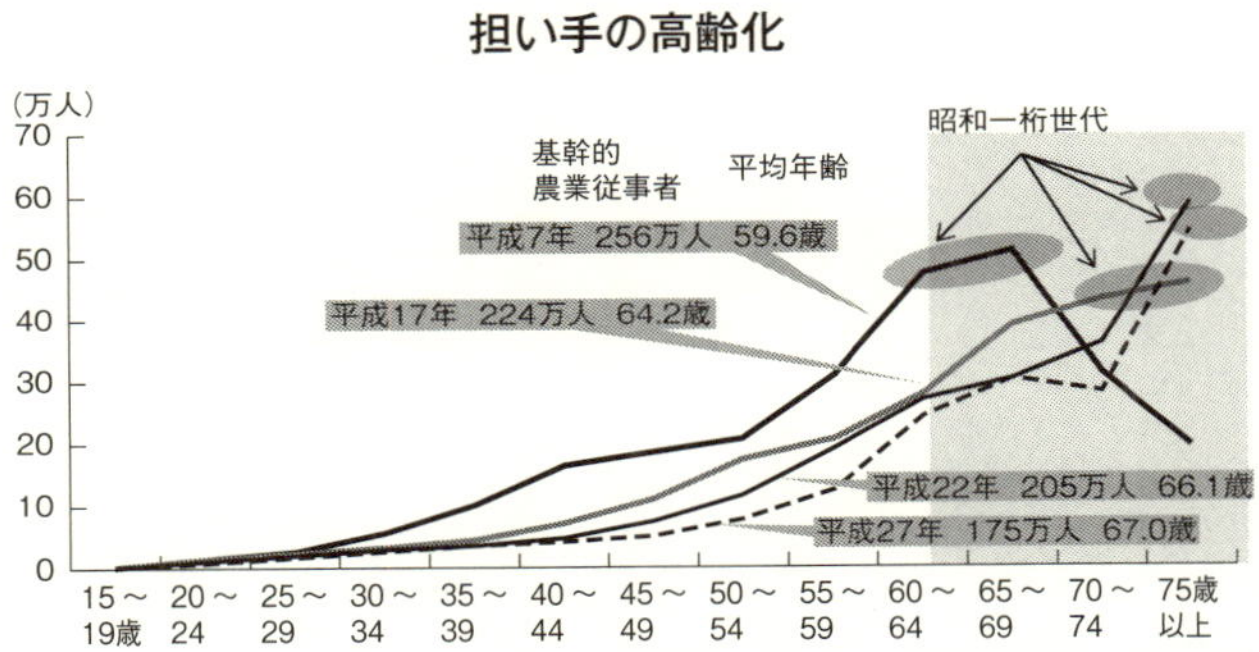

出典：「農林業センサス」（農林水産省）をもとに作成

基幹的農業従事者：自営農業に主として従事した15歳以上の世帯員（農業就業人口）のうち、普段仕事として主に自営農業に従事している者で、主に家事や育児を行う主婦や学生等を含まない。

図２　基幹的農業従事者の年齢構成

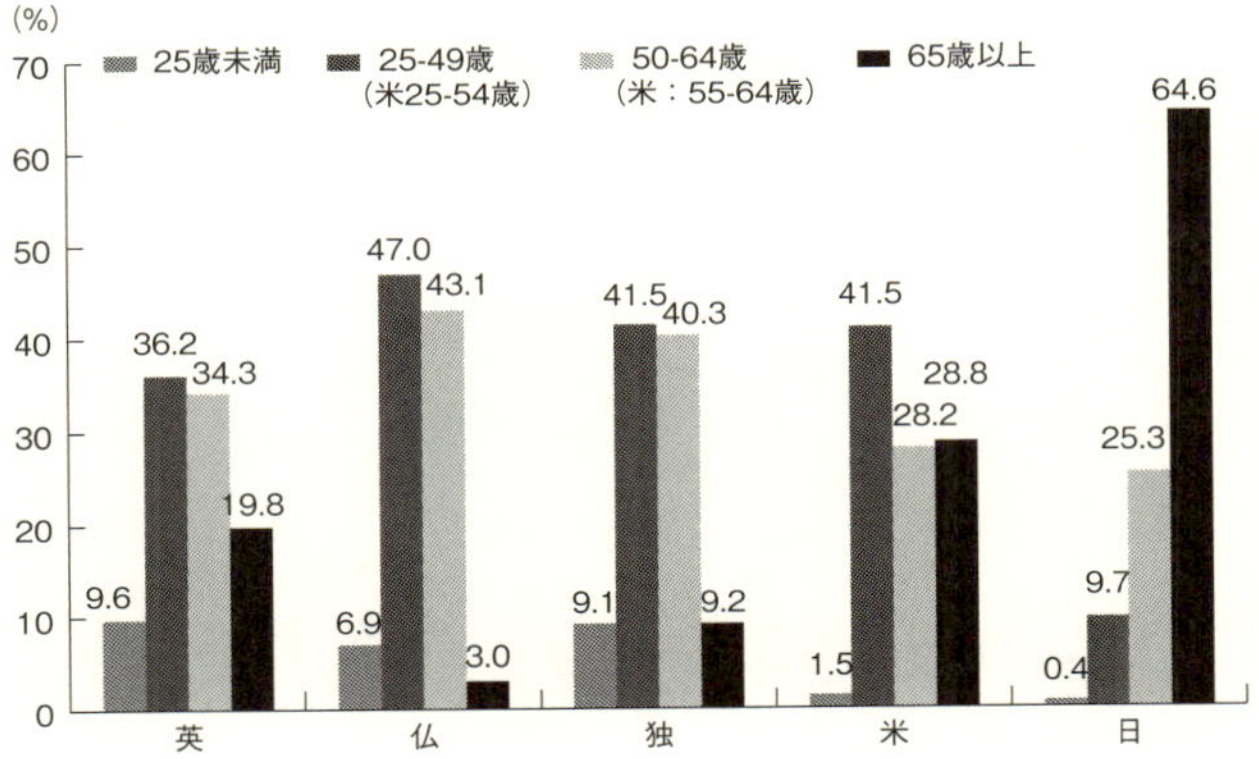

出典：農林水産省資料をもとに作成

図３　各国の農業従事者の年齢構成

け、全国農業協同組合中央会（ＪＡ全中）の一般社団法人化や監査権限の廃止などが決まった。農協の意思決定システムの頂点にある全中の力をそぎ、地域農協や農家に自立と経営努力を促すのが狙いだ。地域農協の理事の過半数を「プロ農家」にし、経営力を磨くよう求めた。

自民党農林族議員や農協組織などの強い反発に直面しながら一連の農協改革にこぎ着けた背景には、安倍首相、菅義偉官房長官ら政権幹部の強い意向があった。ＴＰＰ交渉の進展や国会承認、その後の政権運営を見据え、反対運動の中心だった全中の政治力や農協組織のパワーをそいだほうが得策と判断した面もある。

農家以外の准組合員の住宅ローンなどの利用制限を先送りするなど、改革内容には「踏み込み不足」との指摘もある。とはいえ、国政選挙に連勝し、強い政権基盤を維持する状況だからこそＪＡグループや農林族議員らの抵抗を抑えることができたのは間違いない。

このほか、企業の参入や事業規模拡大を後押しするため、農地を所有できる農業生産法人への企業の出資比率の上限を原則50％未満まで引き上げるなどの規制緩和も実現した。

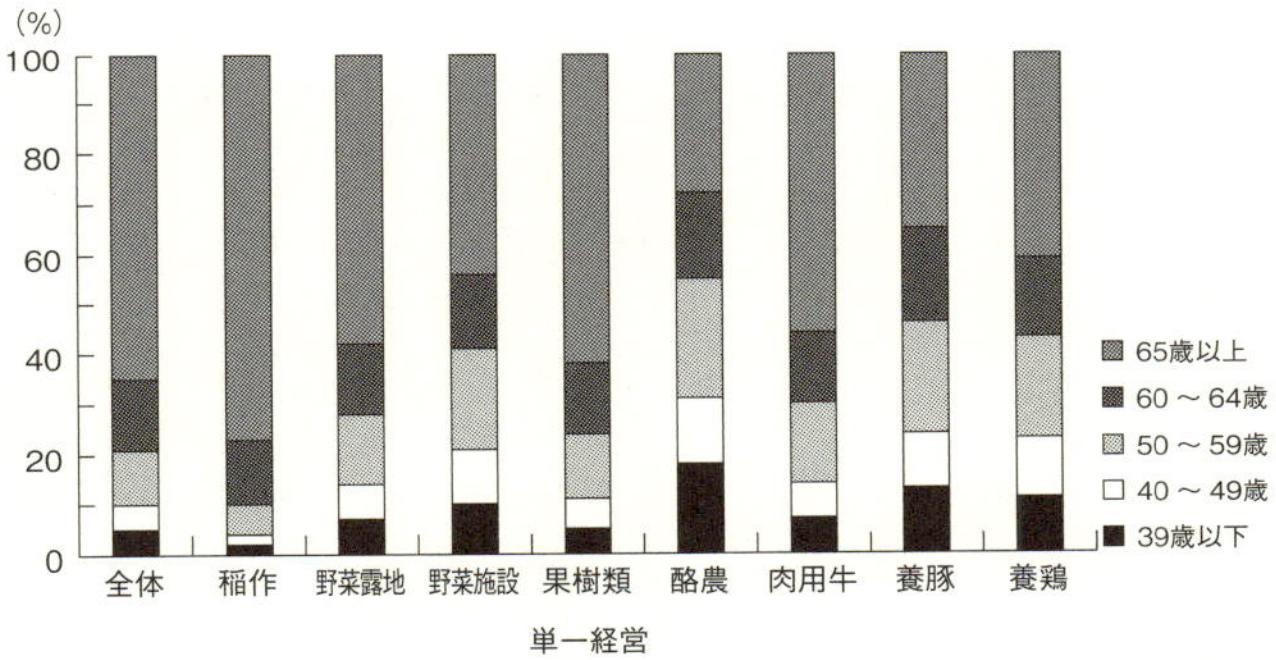

出典：「農林業センサス」（組替集計、農林水産省）をもとに作成

図４　農業経営組織別基幹的農業従事者の年齢構成（2015年）

そして今、第３弾の農業改革が進んでいる。これまでにみた一連の改革を着実に進めつつ、次のステップとして農業者の所得向上のため、農業者の努力だけでは解決できない生産資材価格の引き下げや、農産物の流通加工構造の改革に着手したのだ。現在は発効の見通しが立たなくなったものの、ＴＰＰ交渉が合意に達し、国内農業の競争力強化が待ったなしの状況になったことが推進力となった。

全農に真っ向から疑問をぶつけた小泉進次郎氏

柱となるのが、ＪＡグループの経済事業を束ねる全国農業協同組合連合会（ＪＡ全農）の改革だ。全農は農薬や農機などの資材を農家に売る購買事業や、農協を通じて集荷した農産物の販売事業で高いシェアを持つ。経営規模は大手総合商社に匹敵する（図7）。

この全農のあり方に真っ向から疑問をぶつけたのが2015年（平成27年）10月に自民党農林部会長に就任した小泉進次郎氏だった。農家の間では、割高な資材価格や農産物の販売価格の安さへの不満がくすぶっていたが、小泉氏は農林水産省に生産資材価格を韓国と比較した資料を用意させるなど「見える化」を進め（図8）、データに基づき世論に改革の必要性を訴えた。

全農などとの綱引きの末、全農が扱う資材の品目を絞り込み、購買事業の陣容を縮小することが決まった。全農の仕事をメーカーとの交渉などに集中させ、資材価格の引き下げにつなげる狙いだ。農産物販売では、全農がリスクを負う買い取り方式への転換を促す。全農により高い価格での販売や、小売店や外食などに直接販売する努力を求め、農家の手取りアップにつなげる効果を見込んでいる。

こうした改革は全農の自主的な取り組みを尊重することとし、数値目標を盛り込んだ年次計画の策定と公表を求め、政府が進捗状況を点検する仕組みとした。

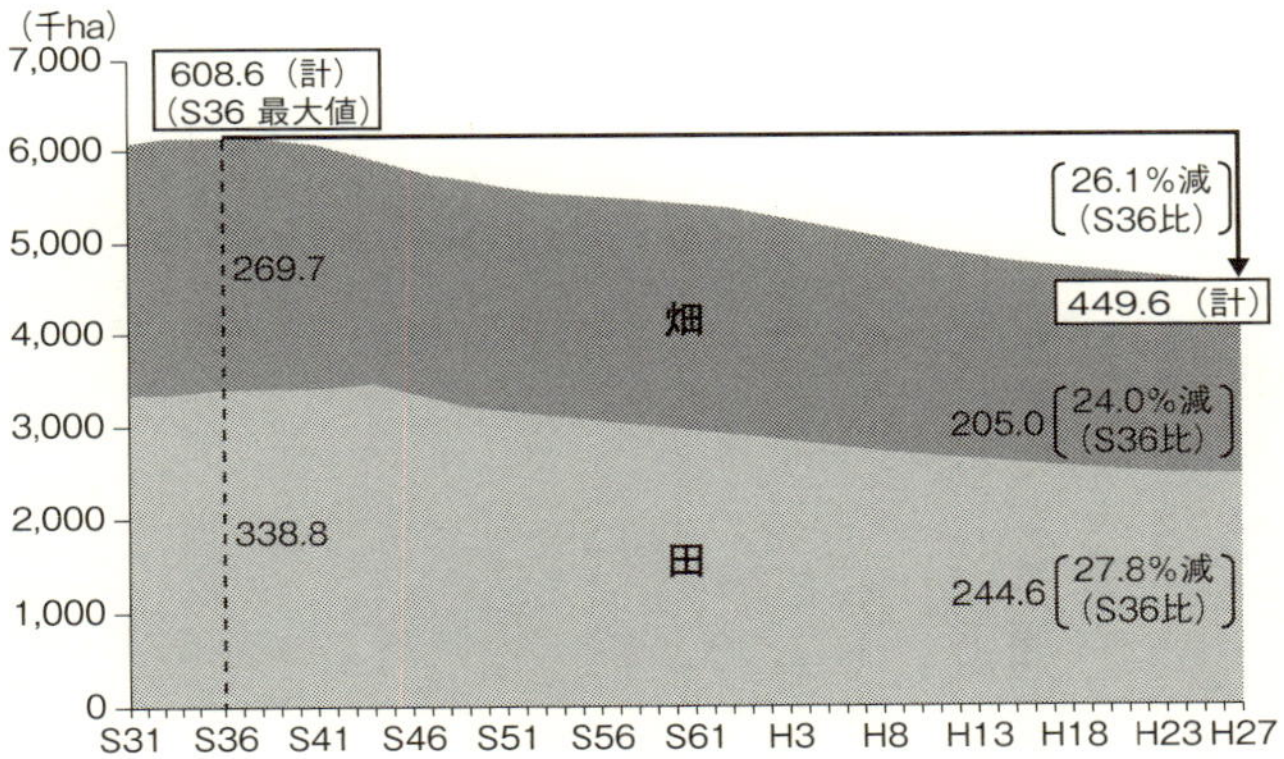

出典:「耕地及び作付面積統計」(農林水産省)をもとに作成

図5　農地(耕地)面積の推移

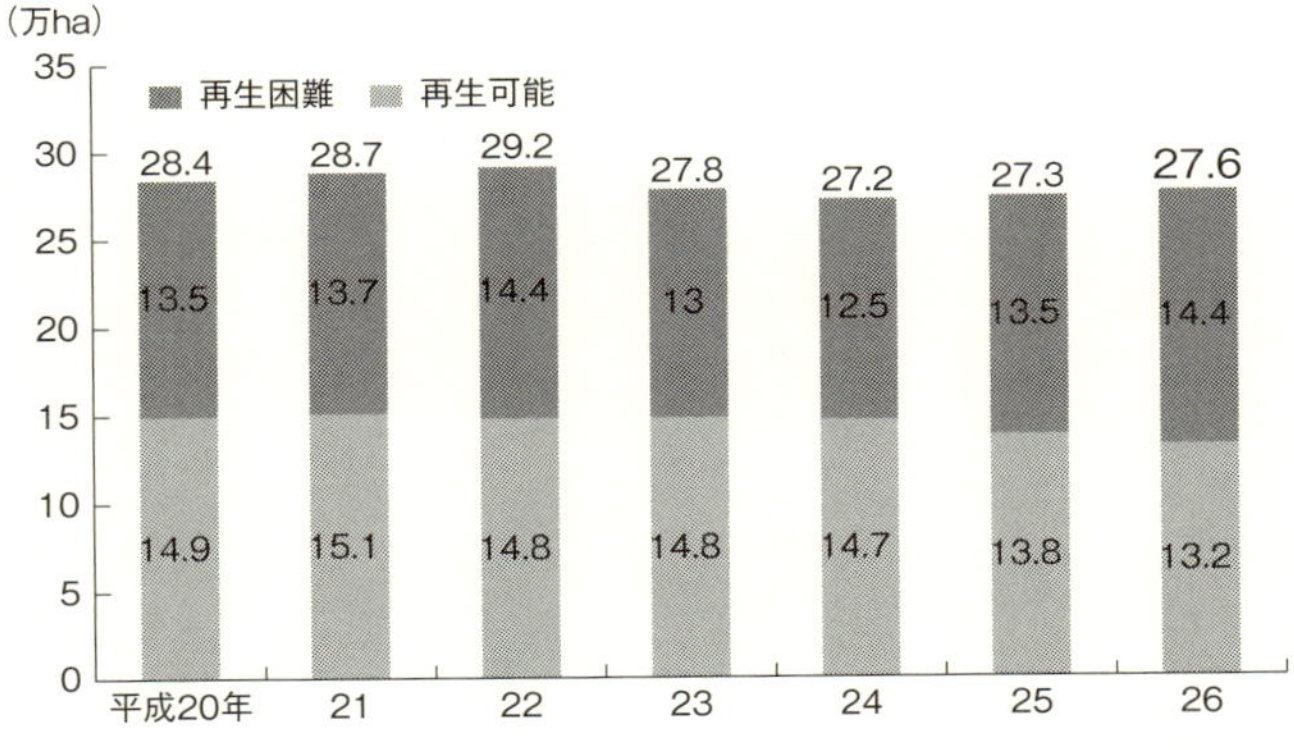

出典:荒廃農地の発生・解消状況に関する調査(農林水産省農村振興局)をもとに作成

荒廃農地:現に耕作に供されておらず、耕作の放棄により荒廃し、通常の農作業では作物の栽培が客観的に不可能となっている農地

図6　荒廃農地面積の推移

もう1つの柱が生乳流通の自由化だ。酪農家が生乳の出荷先を自由に選べるようにすることなどが狙いで、法制度を半世紀ぶりに見直す。農協団体に出荷した酪農家に限られていた補助金の支給対象を広げ、酪農家の創意工夫を促す。

こうした改革内容を盛り込み、2016年（平成28年）11月に政府が決定したのが「農業競争力強化プログラム」だ（図9）。

農業資材に加え、コメ卸や製粉など流通加工分野で業界再編を促し、コスト削減を後押しする法整備を進める。幅広い農産物の価格下落を補償する収入保険制度の創設や、原料原産地表示の導入といった施策も整備する。

農水省は2017年（平成29年）の通常国会に8本の関連法案を提出しており、同国会での成立が見込まれている。遅ればせながら農業の産業化を後押しし、稼ぐための環境が整いつつある。

育ちつつある新たな希望の芽

「農林水産業は最も伸びしろがある産業だ」。日本全国を視察し、関係者と意見交換を重ねる小泉氏は折に触れ、こう強調している。その言葉を裏付けるような希望の芽

単　体（平成27年度）

（1）会員

正会員	856（農協、経済連など）
准会員	156
計	1,012

（2）取扱高合計　　4兆6,946億円

販売事業	2兆4,719億円
購買事業	2兆2,227億円
うち生産資材	1兆3,902億円

（3）経常利益　108億円

（4）職員数　7,965人　※平成28年8月1日現在

グループ（平成27年度）

（1）グループ連結売上高　　6兆659億円

※主な子会社の売上高
（青果販売）
全農青果センター(株)　　1,583億円
（飼料製造）
JA北日本くみあい飼料(株)　　628億円

（2）子会社数

合　　計	130社
生産・集荷・保管・物流	34社
販売加工	42社
リテール	32社
貿易	4社
管理業務	3社
総合	15社

出典：全農リポート2016（全国農業協同組合連合会）、各社ＨＰ

図７　全農の概要

が随所で育ちつつある。

例えば農業の担い手だ。先に触れたように農業従事者は減っているが、収益性向上や経営力が求められる中、法人化した経営体数は大幅に増加している（図10）。2009年（平成21年）のリース方式による企業参入の全面解禁や、過去数年の規制緩和などの効果もあり、経営感覚を身につけた多様なプレーヤーが農業に新風を吹き込んでいるのだ。

農林水産物・食品の輸出もそうだ。2016年はホタテの不漁などが響いて伸び悩んだものの、輸送コストや現地ニーズに応じた販売策などにまだまだ改善の余地があり、さらなる伸びが見込まれる（図11）。

危機が叫ばれる日本農業だが、農業者の創意工夫を後押しし、産業界との連携を促す農政の取り組みがうまく回っていけば、反転攻勢は可能ではないだろうか――。経済誌「日経ビジネス」はこうした思いから、2017年（平成29年）1月16日、東京国際フォーラムでシンポジウム「農業イノベーション2017～日本の農業を成長産業にするために～」を開催した。

当日は農業競争力強化プログラムの主な内容に対応するかたちで、「農業の人材強

	価格比（対韓国）（事例）	生産・輸出の状況	業界構造等	法規制等	系統からの購入割合
肥料	約1.7 ～2.1倍	国内生産量：約300万t 輸出量：約70万t （2012年度）	【過剰供給構造による低生産性】 ・メーカーが乱立し、工場が各地に点在（生産業者数：約3,000） ・多銘柄を少量ずつ生産（銘柄数：約2万（韓国：約5,700）1銘柄あたりの年間生産量：約300～900t（韓国：約17,000t））	【施肥基準等】 ・各県の施肥基準が細分化、JAが作成する栽培暦により銘柄が指定 ・JAの予約注文書に掲載されている銘柄の約半数は1JAのみが取り扱う独自銘柄	約7割
農薬	約0.7 ～3.3倍	【製剤】 国内生産量：約22万t 輸出量：約1.5万t （2014年度）	【過剰供給構造による低生産性】 ・メーカー数が多い（製造業者数：169（韓国：70）製造所数：約300）	【農薬登録制度】 ・日本、欧米、韓国でほぼ同様の法制度となっているが、運用面で差（例：作物群での登録を可能とする仕組み、農薬の成分組成管理方法） ・ジェネリック農薬の普及率は5％（韓国：23％） 【防除基準等】 ・各県の防除基準、JAの防除暦への掲載に当たり追加試験が必要となる場合も多い	約6割
農業機械	約1.2 ～1.6倍	国内出荷額：約2,800億円 輸出額：約2,500億円 （2015年度）	【寡占状態による競争性欠如】 ・国内大手4社の出荷額が8割を占め、シェアが固定 ・輸入も国内大手4社で系列化して独占 ・主要3機種で輸入機の割合は3％のみ	【農業機械化促進法】 ・法律に基づく鑑定（任意）に合格していることが、補助事業・金融支援の要件	約5割
配合飼料	約1.0 ～1.2倍	製造量：2,308万t 輸出：ほとんどなし （2014年度）	【過剰供給構造による低生産性】 ・メーカーが乱立し、工場が各地に点在（製造メーカー数：65社115工場（韓国：56社95工場）） ・多銘柄を少量ずつ生産（銘柄数：約1.6万（韓国：約1,500（農協系統分（シェア3割）））1銘柄あたりの年間生産量：1,456t（韓国：3,765t））		約3割
種子（稲・麦・大豆）	–	–		【主要農作物種子法】 ・県が主体となり奨励品種の決定・種子確保を実施。奨励品種のほとんどを国・県が開発 ・民間企業が種子産業に参入しにくい	–
農業用温室	約1.2倍	国内販売額：250～400億円（推計） （2014年度）	・建設資材メーカー等が兼業で製造・販売するのが通常の形態 ・パイプハウスは規格がなく、注文生産のため、型式が多い（大手1社だけで50種以上）	【強度の業界基準等】 ・業界基準や補助事業対象要件（耐風速50m/s）により必要以上の強度のハウスの整備が多い	約8割
段ボール	約1.1倍	段ボール原紙生産量：約920万t （2015年度）	・JA生産部会等のユーザーから注文を受けて製造する段ボールメーカー数は、約2,400	【規格】 ・産地毎に段ボール規格が設けられ、様々な規格の段ボールが流通（JA生産部会等ごとに発注）（例：キャベツ（338規格））	約8割

出典：農林水産省作成

図8　生産資材価格の引き下げに向けて（概要）

3．人材力の強化

○ 新規就農者が営農しながら経営能力の向上に取り組むために、各県に「農業経営塾」を整備
○ 法人雇用を含めた就農等を支援
○ 外国人技能実習制度とは別の外国人材活用スキームの検討

4．戦略的輸出体制の整備

○ 平成31年の1兆円目標に向けて、本年5月の「農林水産業の輸出力強化戦略」を具体化
○ 日本版SOPEXAの創設（農業者の所得向上に繋がるブランディング・プロモーション、輸出サポート体制）

5．原料原産地表示の導入

消費者の選択に資するため、全ての加工食品について
○ 重量割合上位1位の原材料について、国別の重量順に表示することを基本
○ 実行可能性を考慮したルールを設定

6．チェックオフ（生産者から拠出金を徴収、販売促進等に活用）の導入

○ チェックオフを要望する業界における検討手順（推進母体・スキーム・同意要件）を定め、一定以上の賛同で法制化に着手

7．収入保険制度の導入

○ 適切な経営管理を行っている農業経営者の農業収入全体に着目したセーフティネットを導入
・青色申告している農業経営者が加入
・農業収入全体を対象
・過去5年の平均を基準収入とし、収入減の一定部分を補てん
・保険方式と積立方式とを併用
○ 併せて、現行の農業共済制度を見直し
・米麦の共済制度の強制加入を任意加入に変更

8．土地改良制度の見直し

○ 農地の集積・集約化を進めるため、農地集積バンクが借りている農地のほ場整備事業について、農地所有者等の費用負担をなくし、事業実施への同意を不要とする

9．農村の就業構造の改善

○ 農村に就業の場を確保するため、工業等に限定せず、サービス業等についても導入を推進

10．飼料用米の推進

○ 多収品種の導入等による生産コスト低減、耕種農家・畜産農家の連携による畜産物の高付加価値化を図る取組等を推進

11．肉用牛・酪農の生産基盤強化

12．配合飼料価格安定制度の安定運営

○ 肉用牛・牛乳乳製品の安定供給を確保するため、繁殖雌牛の増頭、乳用後継牛の確保、生産性の向上、自給飼料の増産等を推進
○ 配合飼料価格安定制度の安定的な運営

13．生乳の改革

○ 生産者が自由に出荷先を選べる制度に改革
○ 指定団体以外にも補給金を交付
○ 全量委託だけでなく、部分委託の場合にも補給金を交付

出典：農林水産省作成

農業者の所得向上を図るためには、農業者が自由に経営展開できる環境を整備するとともに、農業者の努力では解決できない構造的な問題を解決していくことが必要である。

このため、生産資材価格の引下げや、農産物の流通・加工構造の改革をはじめ13項目について以下のとおり取り組み、更なる農業の競争力強化を実現する。

1．生産資材価格の引下げ
（肥料、農薬、機械、飼料など）

（1）生産資材価格の引下げ

- ○ 国際水準への価格引下げを目指す
- ○ 生産資材業界の業界再編の推進
- ○ 生産資材に関する法規制の見直し
- ○ 国の責務、業界再編に向けた推進手法等を明記した法整備を推進

（2）全農改革（生産資材の買い方の見直し）

全農は、
- ○ 農業者の立場に立って、共同購入のメリットを最大化
- ○ 外部の有為な人材も登用し、資材メーカーと的確に交渉できる少数精鋭の組織に転換
- ○ 入札等により資材を有利に調達
- ○ 農協改革集中推進期間に十分な成果が出るよう年次計画を立てて改革に取り組む

2．流通・加工の構造改革
（卸売市場関係業者、米卸売業者、量販店など）

（1）生産者に有利な流通・加工構造の確立

- ○ 効率的・機能的な流通・加工構造を目指す
- ○ 農業者・団体から実需者・消費者に農産物を直接販売するルートの拡大を推進
- ○ 中間流通（卸売市場関係業者、米卸業者など）について、抜本的な合理化を推進し、事業者の業種転換等を支援
- ○ 量販店などについて、適正な価格での販売を実現するため、業界再編を推進
- ○ 国の責務・業界再編に向けた推進手法等を明記した法整備を推進

（2）全農改革（農産物の売り方の見直し）

全農は、
- ○ 中間流通業者への販売中心から、実需者・消費者への直接販売中心にシフト
- ○ 必要に応じ、販売ルートを確立している流通関連企業を買収
- ○ 委託販売から買取販売へ転換
- ○ 輸出について、国ごとに、商社等と連携した販売体制を構築
- ○ 農協改革集中推進期間に十分な成果が出るよう年次計画を立てて改革に取り組む

図9　農業競争力強化プログラム（概要）

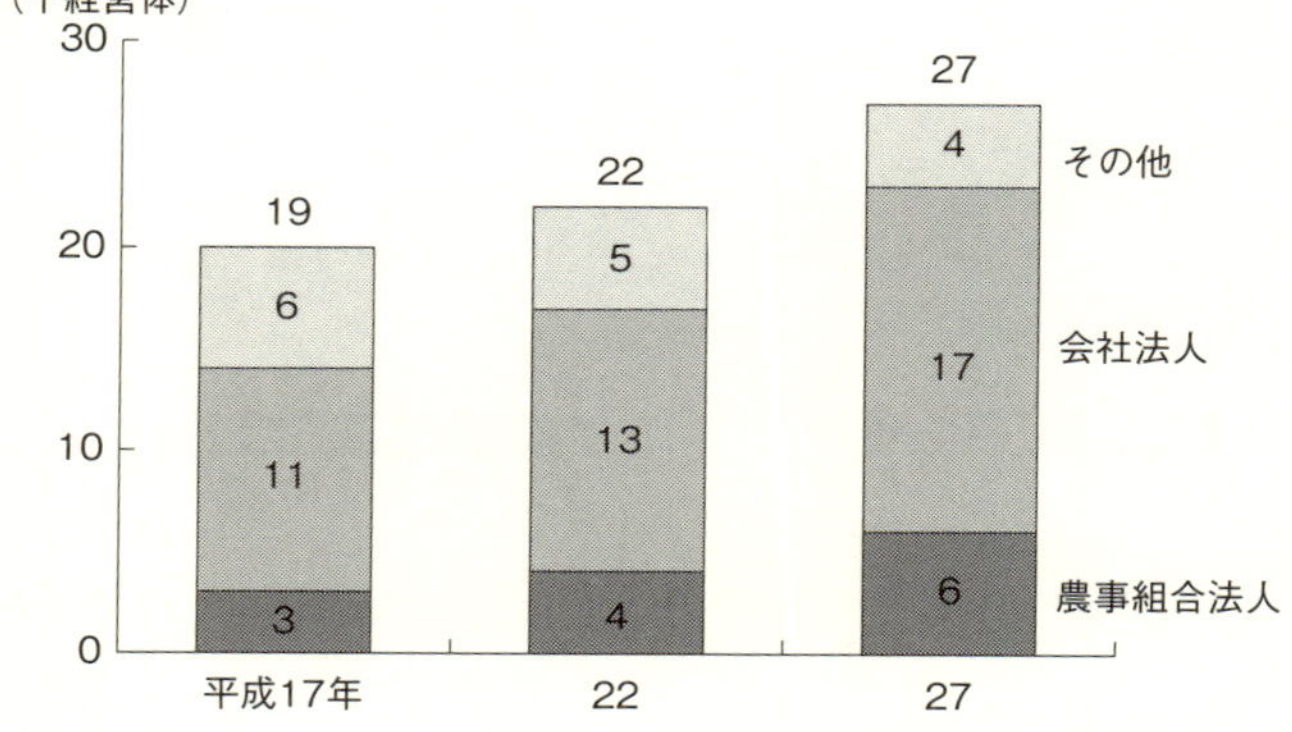

出典：2015年農林業センサス（農林水産省）

図10　法人化している農業経営体数（全国）

化」「農業のグローバル化」「ＩＣＴを活用したスマート農業」「流通構造改革」の４部構成とし、日本農業の課題や成長産業化に向けた対応策について講演やパネル討論を展開した。小泉氏自らモデレーターを務めるなど、実体験を踏まえた登壇者の発言に真剣に耳を傾ける聴衆の姿が目立った。

本書はこのシンポジウムの模様を基に再構成したものである。日本農業の再生や「稼げる農業」の実践を目指す農家や企業・農協・政府関係者、そして消費者が認識を共有し、さらに歩みを進めていくための一助となれば幸いである。

なお、関係資料の提供などで農水省には多大な協力をいただいた。シンポジウム登

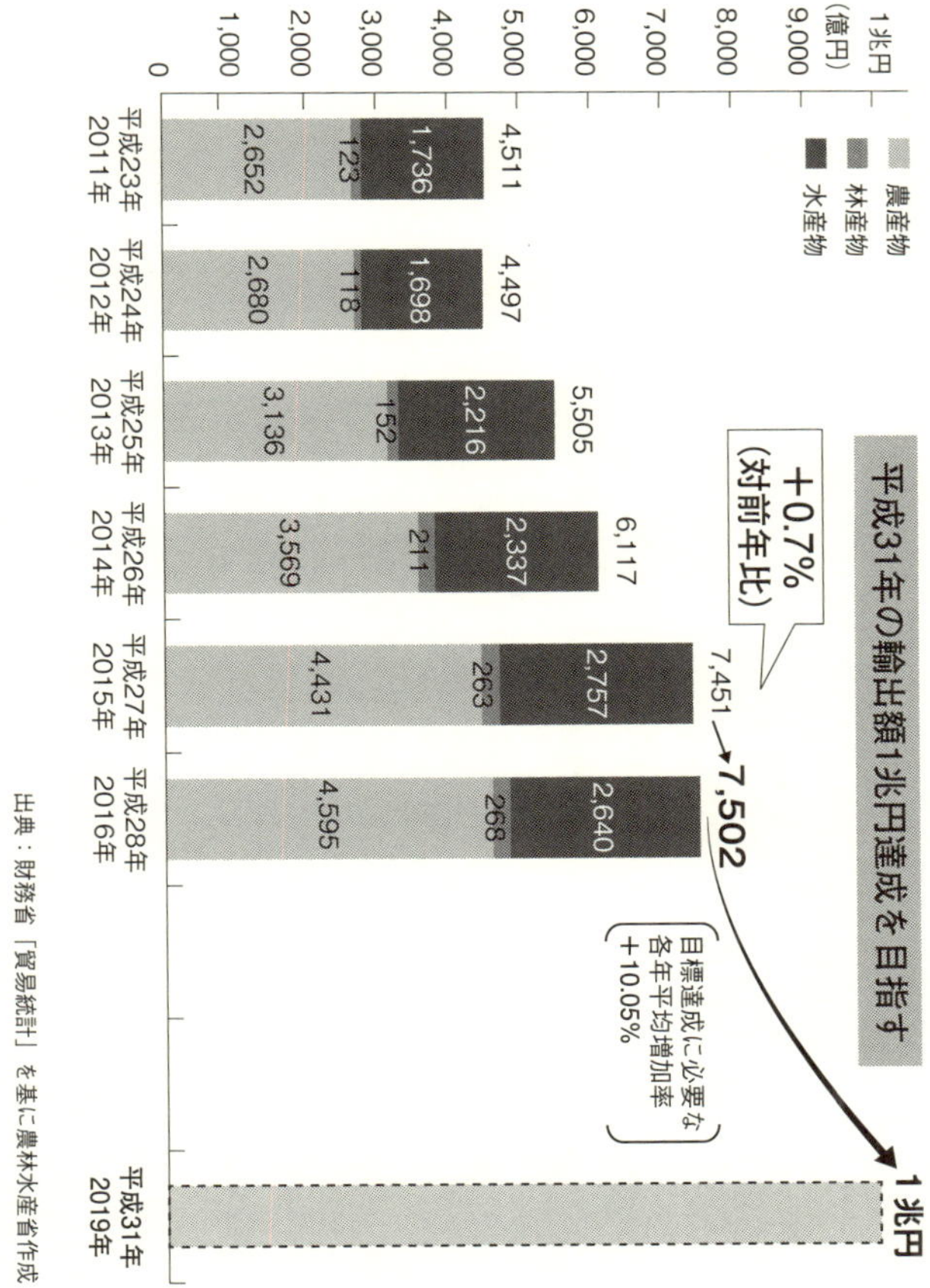

図11　農林水産物・食品の輸出額の推移

壇者の方々にも、この場を借りてお礼を申し上げる。

2017年4月

日経ビジネス編集委員　安藤　毅

目次

第二章　農業のグローバル化

第三章　ＩＣＴを活用したスマート農業

第四章 流通構造改革【ＰＡＲＴ1】

コメの生産コスト半減に挑戦　コマツ取締役会長　野路國夫氏　155

ディスカッション　日本の農業は伸びしろが大きい　169

第五章　流通構造改革【PART2】

ディスカッション

構成／小林佳代
本文・帯写真／竹井俊晴
肩書はシンポジウム開催当時のものです。

第一章

農業の人材強化

農業改革の旗振り役を務めてきた自民党の小泉進次郎・農林部会長。農業人口の減少や農産物の国際認証の取得など多くの問題意識を訴える。本章では小泉氏がオールスターと呼ぶ4人の農業経営者と共に、農業人材の育成を始めとした課題について語り合う。米トランプ政権がTPP（環太平洋経済連携協定）を離脱する方針であるものの、小泉氏は農業改革を進める意欲を見せ、農業経営者からは「これからは世界を舞台に面白い仕事ができる」など力強い言葉が相次いだ。

今こそ農政新時代の礎を築く時

自民党農林部会長　小泉進次郎氏

みなさん、おはようございます。

今日は、いわば農業界のオールスターがそろってのセミナーとなります。私自身、ここでパネル討論のモデレーター役を務めるのを楽しみにして参りました。どうぞよろしくお願いいいたします。

最初に少し今の日本の農業界の動向について、お話ししたいと思います。

２０１７年１月からの通常国会は、農林水産分野においても非常に重い意味を持つものとなりそうです。提出が予定されている法案は８本。２０１６年11月にまとめた「農業競争力強化プログラム」に基づく新しい法案もあれば、既に必要なくなった法律を廃止するための法案もあります。時流に合わせて、必要な修正を行う法案もあります。

農林水産分野の法案が８本も提出されるのは、２００７年以来のこと。農政に関し

ては10年ぶりの重みのある国会になるということです。２０１７年は農政新時代の礎を築く、そんな1年になるはずです。

このセッションのテーマは「農業の人材強化に向けて」です。農業を担う人材について、幾つかデータを示しながら説明していきましょう。

「経営」「生産管理」「生産」人材をそれぞれ育成

まずご紹介したいデータは、農業人口の推移です。これから先、農業人口は減少していくと推測されています。２０１０年の２１９万人から２０２５年には56万人減って１６３万人に。２０５０年にはさらに55

万人減って108万人と2010年からほぼ半減する見込みです。しかも、その108万人のうち、85歳以上の農業人口が31万人と全体の約3割を占めると予測されています。

この予測された未来を、どうにかして変えなくてはなりません。様々な施策を総動員し、人材力の強化を図ることが必要です。

ひとくちに農業人材といいますが、次世代の農業を担う人材を考えた時には役割によって3つに分けて考える必要があります。

1つは「経営」人材。国内外のマーケットと海外展開を視野に入れた経営を行う人材です。もう1つは「管理」人材。「消費者が何を求めているか」というマーケットインの発想ができ、またAI（人工知能）やIoTなど最新の科学技術を活用したマネジメントを実行できる人材です。最後に「生産作業」人材。これら現場の作業は地域の若者、高齢者、女性、外国人などが担い、AI、IoT、ロボットなど最先端の技術を活用して世界一の生産性を実現することが求められます。

全体の農業人口は減少するものの、多様な人材がそれぞれの持ち場で活躍し、持続可能な日本の農業と食料の安定供給を実現する。日本の農業はこうしたあるべき姿に向かい、人材力を強化していかなくてはなりません。

２０１６年11月に政府がまとめた「農業競争力強化プログラム」では具体的施策として「農政新時代に必要な人材力を強化するシステムの整備」を柱の１つに位置づけています。そのうち、ポイントとなる事項をいくつか説明します。

まずは、農業大学校の専門職業大学化の推進。現在、全国42道府県に設置されている農業大学校では学士を取ることができません。これを新しい高等教育機関に衣替えして、学士を取れるようにしていきます。既に静岡県の農業大学校は慶応義塾大学と連携した専門職業大学化の話が出ています。こういう取り組みを後押ししていきます。

女性の活躍は不可欠

就職先としての農業法人の育成にも力を注ぎます。農業の仕事に就くことを「就農」といいます。これからは、就職先のひとつとして農業を当たり前にしなくてはならない。そのための支援に力を入れていきます。

次世代人材への投資も強化します。現在、「青年就農給付金」という制度があります。若い人が新規に就農した場合、年間150万円を給付するという制度ですが、この名前を「農業次世代人材投資資金」に改めます。「給付」という言葉は、政府の狙いがぼやけてしまう。単にお金を提供するということではなく、人材に対する投資であるということを明確にします。

また、意欲ある新規就農者に対し、経営、技術、資金、農地などのサポート体制を充実させます。中には、非常に優秀で早期に経営を確立できる人もいるかもしれません。そういう人材には、さらなる経営の発展につながるような支援をしていきます。

引き続き「農業女子プロジェクト」も進めます。これから人材の強化を考えた時、女性の活用は欠かせません。農業の現場ではマーケットインの発想を生かしたり、6次産業化の展開を進めたりと、女性の力が発揮できる場面が数多くあります。農業女子が活躍できるよう、しっかりとサポートしていきたいと思います。

ちなみに、農業女子の取り組みは予算ゼロです。永田町や霞が関では「予算がつかないものはいいものではない」という考えが浸透しているようですが、私は予算なしで効果が出るのなら、こんなにいいことはないと思っています。むしろ、この農業女子プロジェクトには予算をつけるべきではない。予算がついた途端、その金額の増減が効果を測る尺度になってしまい、中身が問われなくなってしまいます。農業女子プロジェクトはこれからも予算ゼロのまま、中身勝負でネットワークを広げていきたいと考えています。

そのほか、地域での農業経営塾の充実・強化や海外研修の支援、労働力の確保、産学官の連携などにも取り組みます。

最新のテクノロジーを活用した生産基盤の強化にも努めます。例えば、産業界では熟練者の技術やノウハウを短期で習得しようという動きが増えています。農業においても、熟練した農業者が収穫作業の時にどこを見ながら収穫しているかを可視化すると新規就農者の生産性が上がるという事例が出ています。そういう新しい取り組みにもどんどん挑戦します。

土づくりの専門家のリスト化といった、地味かもしれないけれども大切な施策も着実に進めます。農業の人材力強化を狙い、幅広い施策を取り入れていく考えです。

東京オリンピック・パラリンピックで国産食材を出せない？

ここからは少し話を変えます。日本農業の将来の人材力を考える上で絶対に欠かせないと私が考えていることがあるのでお話しします。それは、２０２０年に開催される東京オリンピック・パラリンピックで提供できる食材をつくることです。

みなさんにぜひ知っていただきたいのですが、今のままでは、日本の食材はオリンピック・パラリンピックの選手村ではほとんど使ってもらえません。なぜ使ってもらえないのか。２０１２年のロンドン以降、オリンピック・パラリンピックでは定められた食料調達基準を満たさないと採用されなくなっているからです。

食料調達基準は、大きく3つの条件があります。第1に国際認証を取得していること、第2に有機食材であること、第3に障害者を雇用して生産していること。これらを満たさないとオリンピック・パラリンピックでは採用されません。

私が２０１７年以降に特に力を入れたいと思っているのが、国際認証の取得です。国際認証の取得は、日本の農業の人材力強化と一体不可分だと考えています。

現在のところ、残念ながら日本の農業において国際認証を取得しようという取り組みはほとんど進んでいません。私の地元の神奈川県で見てみても、国際認証規格の1つである「グローバルＧＡＰ」の取得はたった1件です。

藤沢市の江の島ではオリンピックのセーリング競技が行われますが、今のままでは

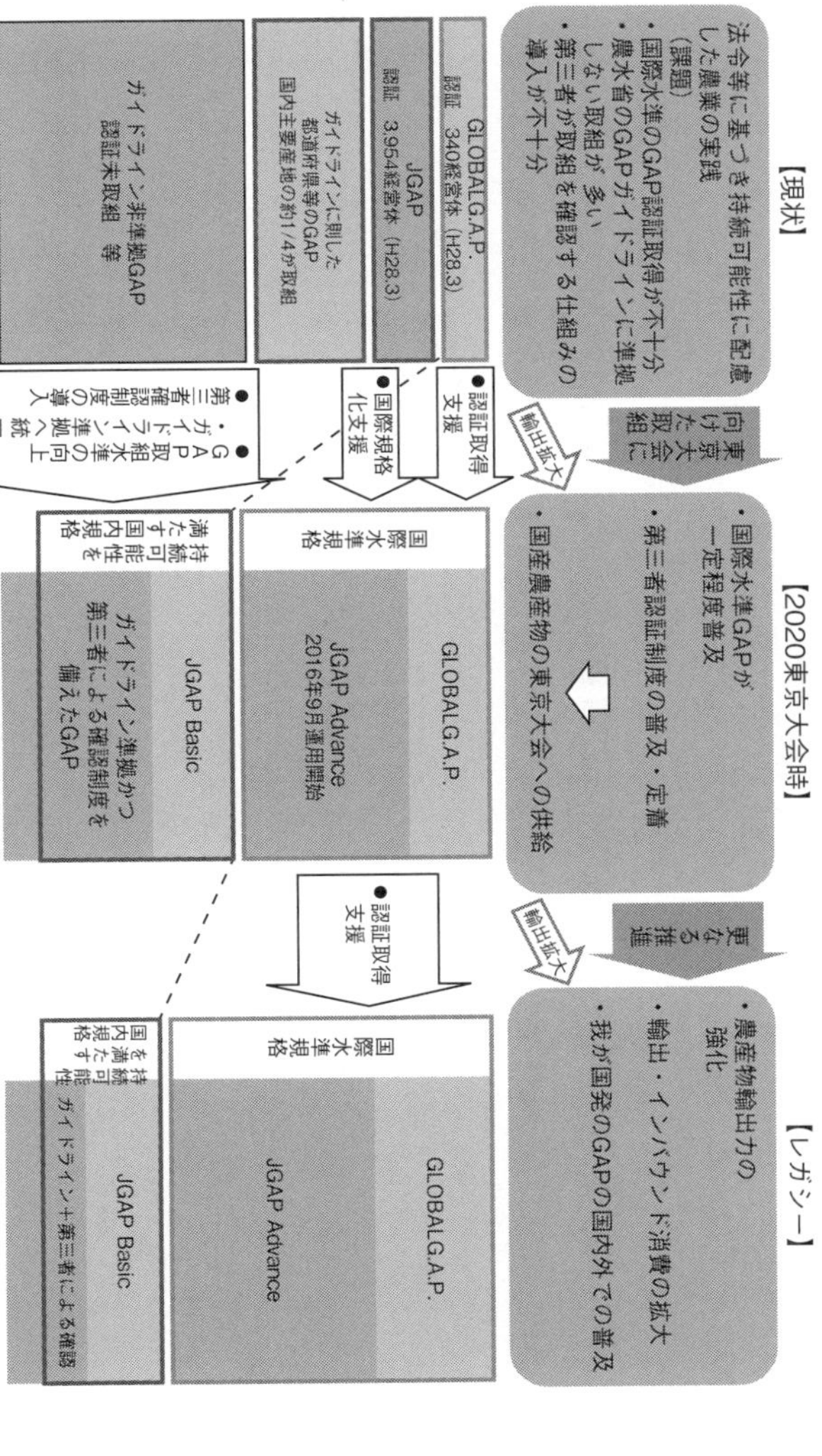
日本の農業者によるGAP認証取得が当たり前となる世の中へ
【現状】
法令等に基づき持続可能性に配慮した農業の実践
（課題）
・国際水準のGAP認証取得が不十分
・農水省のGAPガイドラインに準拠しない取組が多い
・第三者が取組を確認する仕組みの導入が不十分
東京大会に向けた取組
輸出拡大
【2020東京大会時】
・国際水準GAPが一定程度普及
・第三者認証制度の普及・定着
・国産農産物の東京大会への供給
更なる推進
輸出拡大
【レガシー】
・農産物輸出力の強化
・輸出・インバウンド消費の拡大
・我が国発のGAPの国内外での普及
GLOBALG.A.P.
認証　340経営体（H28.3）
JGAP
認証　3,954経営体（H28.3）
ガイドラインに則した都道府県等のGAP
国内主要産地の約1/4が取組
ガイドライン非準拠GAP
認証未取組　等
●認証取得支援
●国際規格化支援
●第三者確認制度の導入
●ガイドライン準拠へ向上
・GAP取組の統一
国際水準規格
GLOBALG.A.P.
JGAP Advance
2016年9月運用開始
持続可能性を満たす国内規格
JGAP Basic
ガイドライン準拠かつ第三者による確認制度を備えたGAP
●認証取得支援
国際水準規格
GLOBALG.A.P.
JGAP Advance
持続可能性を満たす国内規格
JGAP Basic
ガイドライン＋第三者による確認

出典：農林水産省

せっかく地元でとれたおいしい野菜を選手のみなさんに提供することができません。

国際認証の取得で「国産神話」の打破を

日本のみなさんは「国産の食材はおいしい」「安全だから安心して食べられる」と評価するかもしれません。けれど、海外の消費者に「国産だからいいものなんです」は通用しない。海外には通用しなくても国内の消費者は「国産だから」ということで評価してくれている現状は、いわば「国産神話」のようなものです。

2017年以降、この「国産神話」を打破するためにも、国際認証の取得拡大を後押ししたい。それこそが、2020年以降の農業の人材力強化、経営力強化、輸出へのパスポートというかたちでレガシーになっていくと考えています。

実は明日、私は青森県の五所川原農林高校に視察に参ります。日本で唯一、コメとリンゴのグローバルGAPを取得している農業高校です。将来的には、すべての農業高校でグローバルGAP取得を必須としたい。そういう農業高校から羽ばたいた人材がこれからの日本の農業を担えば、2050年ごろには農業者すべてが国際認証を取得しているという将来像が描けます。

こういう話をすると、必ず「そんなことできるわけないじゃないか」と言う人がいます。「高齢化が進んだ農業者に今から国際認証を取得させるなんて無理だ」というわけです。果たして本当に無理なのでしょうか？

英国はロンドンオリンピックの開催に当たって「レッドトラクター」という独自の認証制度をつくり、食料調達基準としました。レッドトラクターが求めている基準は、日本の「ＪＧＡＰ」ほどのレベルです。

では、英国に日本のＪＧＡＰほどのレベルを満たした農産物がどれくらい流通しているかというと、全体の約８割に達しています。スーパーに並ぶ食材のほとんどが、国際認証レベルと同等のものということです。

「日本の農業者に国際認証を取得させるなんて無理だ」と言っている人は、日本の農家の人材力が英国の農家に負けると思っているのでしょうか。私は全くそうは思いません。日本の農家ならば必ずできます。積極的に認証取得を支援していきたいと思います。

「その気になればできること」をやる

世界を見渡せば、日本の通常国会開会と同時に米国でトランプ新大統領が就任します。トランプ政権ではTPP撤退など、旧オバマ政権からの大幅な政策転換が予想されます。世界は、先の見えない激動の時代を迎えます。

こんな時こそ、私が大好きな作家のひとりである塩野七生さんが言っている言葉を心に留めたい。私がいろいろな場で披露している言葉です。

「トランプの登場に一喜一憂している日本政府と野党には今さらながらげんなりだ。世界最大で最強の国のことだからある程度はやむを得ない。また他国に無関係では生きていけないのは現実なのでアメリカの動向に注意し続けるのも当然である。しかし、こういう時期こそ日本さえその気になればできることを現実化してみてはどうか。TPPがもしも実現しなかったとしても、あれを契機に動き出していた日本の農業改革。これならトランプがどう出ようと関係なく我々日本人だけでできることなのです。TPPがどうなろうと日本の農業の抜本的改革ならばやり遂げたと言えるように。今の日本にとっての農業改革の重要度は道路や橋やトンネルなどのインフラにも匹敵する。トランプなんかは忘れてやってみようではないですか」

塩野さんの力強い言葉から、私も大いなる勇気を得る思いです。今日、登壇するオールスターのみなさんがますます活躍できるよう、農業改革を進めていきたいと思います。

経営者、管理者、作業者に分けて人材育成

グリンリーフ代表取締役社長　澤浦彰治氏

グリンリーフは、群馬県に本社を置く農業生産法人です。静岡県、京都府、岡山県などに関連会社や仲間の農場があります。グループ売上高は34億円。働いているのは200人。農作物を出荷している生産者が74人います。

農業の人材に関しては、「担い手が不足している」「農業を営む人が減っている」という話がよく出ます。農業の担い手には「経営者」もいれば「幹部」もいれば、「管理者」も「技術者」も「作業者」もいます。それぞれ採用の仕方も育成の仕方も全く違います。そこを分けた上で、育成を考える必要があります。

農業経営者の育成のため、グリンリーフが2001年から提供しているのが「独立支援プログラム」です。「これから農業を始めたい」という新規就農者を育てるプログラムで、研修と独立後の経営のサポートとを一貫して行います。

独立支援プログラムを経て独立を果たした新規就農者は、これまでに15人。残念な

がら昨年1人廃業してしまいましたが、14人は元気に農業を営んでいます。創業8年で年収1億5000万円を超える農業者も現れています。彼らは、全く農業をやったことがない人でも手順を踏み、プログラムにのっとって農業に取り組めば成功するという道筋をつくってくれました。

最近は北海道大学、慶応義塾大学、青山学院大学など一流の大学、大学院を卒業した高学歴の若者が農業の世界に入って経営者を目指すようになっています。彼らは農家出身というわけではありません。純粋に農業に興味を持ち、職業のひとつとして選んでいます。大きな時代の変化を感じています。

社内託児所を設置、子育てしながら農作業が可能に

グリンリーフでは毎年、新たに採用する人材の中から次世代の幹部や管理者を育成

します。採用するのは、新卒もいれば中途もいます。新入社員研修、中堅社員研修など様々な外部研修を受けてもらうのと同時に社内の勉強会、研修プログラムも経験させ、長期的視点で徐々に幹部や管理者へと育てていきます。

農業界で今、一番大きな問題は作業者が不足していることです。優秀な作業者をどう育てるか、どう確保するかがとても重要です。

グリンリーフは、外国からの実習生と地元のパートを生産作業者として活用しています。フルタイムで働き責任ある仕事に就くのは難しいけれど、生活の中で空いている時間を作業することは可能という方々をパートとして採用しますが、だんだんとそれも大変になってきています。労働人口が減っているからです。私たちの地域でも、10年間で17％の労働人口が減ったという話を聞いたことがあります。

そんな中で、働いてくれる人を見つけるため、私たちは２０１６年、社内託児所を開設しました。子育て中で「働きたいけれど小さい子供を預ける場所がない」「保育園に預けるのには子供が小さく金銭面で不安がある」という女性でも、安心して働ける環境を整えたのです。

社内託児所があるのは職場の真ん中。子供を預けている社員は「子供と一緒に出社し子供と一緒にお昼を食べて子供と一緒に退社する。職場のすぐ隣に託児所があって大人が働く姿を見せることができる。それがとても有り難い」と言ってくれていま す。職場と教育の現場、職場と保育の現場が離れているのはもったいない。農業という仕事の中に子育てを取り込んでいくことも、これからの大きなテーマではないかと思います。

昨年は小泉さんがグリンリーフの社内託児所を視察に来てくださいました。その時に預けられていた子供は2人でしたが、今では10人近くに増えました。子育て中の女性6、7人が元気に働いています。

生産作業者については外国人材の活用も進めています。定住外国人が管理者になる事例も出てきました。障害者雇用にも取り組み、現在は4人働いています。1人は健常者と全く同じ仕事をしているので、健常者と同じ給料で働いてもらっています。

グリンリーフはこのように、経営者、幹部、管理者、作業者という様々な立場で人材を育成し、全体の人材力を強化しようと取り組んでいるところです。

「人を育てる人」を育てる

サラダボウル代表取締役　田中進氏

サラダボウルは、山梨県に本社を構えています。地元農家から農地を借り受け、野菜を中心に生産。各地域に根ざした農業生産法人をつくるかたちで、全国展開も進めています。

サラダボウルは「農業の新しいカタチをつくる」をスローガンに、本当においしいこだわりの野菜をつくろうと奮闘しています。初心者でも作業できるようマニュアルを整備したほか、センシング、モニタリング、データマネジメントなど先進的な仕組みを導入。サイエンスとテクノロジーで農業にイノベーションを起こしたいと考えています。

現在、3カ所で施設を建設中ですが、山梨県では既に3ha、兵庫は3・6haの統合環境制御型大規模グリーンハウスでトマトを生産しています。世界の農業を見て学んだ上で自分たちなりの仕様設計を考えたもので、日本発の農業経営モデルを創出したいと考えています。兵庫では同様の設備で既に１００人超の雇用を生み出しています。ベトナムでの生産も本格的に始まっています。

こうした取り組みを支えるのはすべて人です。農業はものづくりであり、人づくり。人をつくれば人が仕事を生み出し、人と仕事が重なり合いながら地域ができていきます。やるべきことは人づくりに尽きると思いながら事業を展開しています。

サラダボウルには、全国から「農業をやりたい」という若者がたくさん集まってきます。農家の出身でもない、農業学校を出たわけでもない若者が、農業を通して社会に価値を生み出し、自分たちの人生を創造したいとやって来ます。彼らの志や思いを受け止め、どう実現してあげられるかというのが、創業以来13年間、私たちの課題となっています。

週休2日制を導入、年2回のボーナスも

強い農業現場を構築するために、「マーケットメイク」「生産工程管理・品質管理」「コストマネジメント」「プライスメイキング」「見える化」「人材育成」「適正規模経営」「事業ポートフォリオ戦略」「情報管理システム・データマネジメント」「多付加価値化」という10のキー・ファクターに取り組んできました。

農業というのは非常にトラディショナルな昔ながらの農村風景の中での作業を行う一方で、これらのキー・ファクターを念頭に置いたマネジメントを実践しなくてはなりません。農業を担う人材はワーカーからミドルマネジャーへ、ミドルマネジャーからリーダーへと成長しながら、これらのマネジメント力を身につける必要があります。特に今のように激動の「答えのない時代」に、自ら答えを導き出すリーダーとなることが求められます。

今朝も山梨はマイナス5~6℃まで冷え込みました。そんな極寒の中、サラダボウルの社員はみな朝早く起きて自主的な勉強会で学んでいます。そうやって努力を重ねながら一人ひとりがミドルマネジャーになり、リーダーとなり、次の会社の経営陣の

ひとりとして活躍してくれるようになってきました。

人材育成に関しては、5年ほど前から私の考えが変わってきました。「人」を育てるのではなく、「人を育てる人」を育てることが重要だと感じるようになったのです。

変化の激しい時代には、リーダーによって自走する仕組み、仕掛けが必要です。キーワードは「Leader develops leaders」。リーダーが次のリーダーを育てていく、できれば自分よりも優秀な複数のリーダーをつくるのが理想です。

創業当初より、私は農業を地域にとって価値ある産業にしたいという思いがありました。その1つの方法として、サラダボウルグループでは週休2日制を導入。農繁期にも週休2日を確保しています。兵庫では初年度から夏2カ月、冬2カ月のボーナスを支給しています。

私たちは誰かと争い何かを奪い合って大きくなるのではなく、自ら価値を創出して成長したい。そのカギとなるのが人です。どんなに小さな会社でも人と知と技術を集積させればたくさく産業を生み出すことができるはず。地域を飛び越え、業種業態を飛び越え、連携しながら次の時代に向かっていきたいと思っています。

「自産自消」できる社会を目指し人づくり

マイファーム代表取締役　西辻一真氏

マイファームの西辻です。私たちは「自産自消」ができる社会をつくるというコンセプトで、事業を営んでいます。

自産自消とは自分で野菜をつくり、収穫し、食べるという一連の作業を通して一人ひとりが自然と向き合い、自分の世界観を深め、他人との共生を考えるというもの。そこから、豊かな生活が得られる社会をつくりたいと考えています。

今、自然と人間とは距離が非常に離れています。マイファームは野菜づくりに興味を持ったり、農業を営みたいと思ってもらえるようなフィールドを提供し、自然と人間の距離を近づけようと活動をしています。２０１６年のマイファーム単体の売上高は7億円。経常利益は３５００万円です。

全国には耕作放棄地と呼ばれている使われていない農地が40万haあります。マイファームは10年前、都市近辺の耕作放棄地を体験農園、市民農園、貸し農園として再生するビジネスを手掛け始めました。今では農園の数は１２０に達し、年間2万人が農業体験を楽しむフィールドになっています。

農業を体験する中で、本当に農業を営みたいと考えるようになった人のためには、関東、東海、関西エリアに農業学校「アグリイノベーション大学校」も開設しました。毎週末、「農業系の仕事に携わりたい」という人が学びにやって来ています。入学者数はどんどん増え、これまでの卒業生総数は８００人に上っています。

新規就農するための学びの場には、道府県立の農業大学校、地域の農業塾、研修先の農家などがありますが、アグリイノベーション大学校は環境、技術、経営を俯瞰して学ぶというのが特徴です。

実は、農業界ではこのような広範な学びができるところはあまりありません。農業というのは作物ごとにつくり方も作業内容も全く異なりますから、これまではそういう細部に至る限定的な学びを提供する場が中心となっていました。けれど、これからの農業経営者には俯瞰する能力が必要です。農業を俯瞰的に見て理解する人がどんどん参入してくれれば、農業と他の産業とが融合していくと期待しています。

全国に散らばる「大学校」卒業生

アグリイノベーション大学校の卒業生は、全国に散らばっています。多いのは40〜50代で「人生のやりがいを見つけたい」と地域に戻り地域活性化のリーダーに就いたり、融資や投資を受けて農業生産法人を立ち上げたりするという人。または20〜30代であっと驚くような新事業をやりたがる人などです。オーガニックに挑戦する人も、たくさんいます。

新規就農者向けの学びの場としてつくったのがアグリイノベーション大学校ですが、今、頑張っている農家の人も応援したいと、ＪＡグループ大阪と組んで農業経営者向けのビジネススクール「大阪アグリアカデミア」も開講しました。ＪＡに加盟している組合員の方も学びに来られています。

ここでは一緒に事業計画をつくったり、新たな販路開拓に挑んだりしています。最初の頃は「若造がなにを言うとるんじゃい」という反応でしたが、1年たってみると、「お前の観点は新しいね」と言ってもらえるようになりました。既存の農家も、どんどん変化していると感じます。

大阪アグリアカデミアの卒業生のうち、個人で就農した人は25%。就職、独立、起業した人が25%。残りの人は農のある暮らしを楽しんだり、農業関連企業に就職したりしています。

卒業生には、いろいろな農業支援サービスも提供しています。農地の検索ができる「農地の窓口」サイトを開設し、いい農地を選ぶサポートをしているほか、卒業生が生産した農作物の販路開拓もお手伝いしています。

我々は農業があって人材育成をするのではなく、人材育成があって農業があるというとらえ方で活動を続けています。この10年間で、全く農業にかかわりのない人が興味を持って、自らの意思で農業界に飛び込んでくるケースがぐんと増えました。今は時代の変わり目であるということを実感しています。

若い農業人の力で新たな取り組み推進

セブンフーズ代表取締役　前田佳良子氏

セブンフーズは、阿蘇山のふもとにある熊本県菊池市で養豚事業を営んでいます。県内6農場で常時2万5000頭の豚を飼育。年間5万頭の豚を出荷しています。2013年度には野菜環境部門も立ち上げ、現在、7haほどの農場でキャベツをつくっています。セブンフーズと家畜商のセブンワークスの2社を合わせた売上高は35億円。社員は約100人で、その8割が正社員です。男性が9割に達します。

以前の私は、会社を大きくすることに必死でした。10年前から規模拡大に挑み、5年間で売上高を20倍にしました。ただ、その間は社員のことが十分にケアできていませんでした。今、「農業界に良き人材を」をスローガンに雇用環境を整備し、多様な教育プログラムで人材育成に力を入れています。

熊本県の中で菊池市周辺の地域にはホンダ、ソニーなど大手企業の関連会社や工場があります。建設業者やIT業者もいます。我々は、そういう名だたる企業と採用面では闘わなくてはなりません。まず、どうやって若者たちに入社試験を受けに来てもらうかが大きな課題です。

この7年ぐらいは、リクナビやマイナビの協力を得ています。4、5年前には会社説明会に２００人ほど来ていただいたこともありました。最近はやや苦戦し、１００人来るかどうかというところです。会社説明会を経て入社してもらった後も、会社に定着して力を発揮し続けてもらうことが引き続き大きな課題となっています。

そのために私たちが力を入れているのは、まず経営理念を浸透させることです。養豚業というのは正直なところイメージがあまりよくなく、ステータスが低い。その中でセブンフーズは「食と環境と人の未来のために」という思いで「日本の食を守る」「次世代を担う農業界の人材育成に貢献する」「セブンフーズ式農業を通じて環境保全および地域に貢献する」という経営

理念を掲げています。

野菜くずを飼料化、食品リサイクルのループを構築

経営理念を実現する一環として、未利用資源を飼料化し、資源循環型農業に挑戦しています。大手食品メーカーと契約して、例えば冷凍餃子をつくる過程で発生するキャベツの外葉、しんなどの野菜くずをセブンフーズの食品リサイクル施設に持ち込み、液体飼料に再生し、豚に食べさせています。

さらに、豚の排泄物を含んだ発酵床を肥料化施設で有機肥料に再生。肥料に使用してキャベツを生産します。そのキャベツを再び冷凍餃子の原料として大手食品メーカーに納入。食品リサイクルのループを構築しています。

耕作放棄地で飼料用米を生産する取り組みも進めています。現在28軒の農家と契約し、54haで270tの飼料用米を生産しています。契約農家には有機肥料を提供します。2015年12月には、阿蘇農場の一角に飼料米をリキッド化する飼料工場を建設しました。日本の原風景を守り、日本の農業、食を守る取り組みとして今後も飼料米プロジェクトに力を注ぐ考えです。

セブンフーズはこうした理念を社員に浸透させる一方で、農業界の人材育成を念頭に置き、人事制度やそれにつながる評価制度も拡充してきました。

現在、セブンフーズの社員の平均年齢は32歳。これからの日本の農業を担う若い社員がたくさん働いています。社員教育にも力を入れ、各種研修制度、資格取得制度を整備。国内外の先進地の視察を実施しています。

入社して3、4年たった社員は、「オレの将来どうなるんだろう」「この会社にいて自分の夢は実現できるのか」など様々な疑問を感じ、壁にぶち当たるものです。そこでセブンフーズではなるべく多くの研修や視察の機会を設け、社員一人ひとりが自らの将来像を描き、キャリアプランを構築できるようにしています。

女性の活用も積極的に進めています。仕事と生活の両立を目指した「ワークライフバランス制度」を導入。男性中心だった社外研修に「女性研修枠」を設け、女性が優先的に学べる環境も整えました。畜産業は力仕事も多くありますが、ＩＣＴの導入や機械化を通して女性も働きやすい職場を構築しています。

セブンフーズでは若い農業人たちの力をバネとして、これまでご紹介してきた様々な取り組みを推進しています。今後も、養豚業を通じて社会に貢献していきます。

ディスカッション

農業の人材強化に向けて

モデレーター　自民党農林部会長　小泉進次郎氏

小泉　今、壇上に上がられているのは農業界の最先端を行く4人と言っていいと思います。この4人が一堂に会して議論するというのは、大変貴重な機会。私からも聞きたいことがありますが、その前にお互いに他の方に聞いてみたいことがあればせっかくですからどうぞ。いかがですか？

西辻　では僕から質問させてください。マイファームは福井県に農場を持ち、地域の方を雇用しながら事業を進めています。その時に非常に「難しい」と感じているのが雇用です。優秀な人材は地方から都市部に流れる傾向にありますが、そういう環境下でも、地域で事業に取り組む際には地元の人材を採用するのがいいのか。それとも都市部からのUターンやIターンの人材に目をつけるほうがいいのか。澤浦さんに、そのあたりをどうしているかを教えていただきたいです。

「思い」「理念」の共有が重要

澤浦　確かに農業というのは地域性が非常に強いものだとは思います。けれど、グリンリーフは採用に関しては地域にはこだわっていません。それよりも「思い」「理念」が共有できるかどうかを優先しています。実際、いろいろな地域の子が全国で活躍しています。青森の農場では藤沢出身の子が、静岡の農場では埼玉出身の子が独立して活動しているという具合です。「ここで何をやりたいか」という志こそが大事なのではないかと思います。

私からは、前田さんにお聞きしたい。セブンフーズが手掛けてきたような人事制度の構築はまさに私も今、取り組んでいるところで、これからの農業生産法人にとってはとても重要な経営課題になると思っています。「若い人材にぜひ来てほしい」とアドバルーンを揚げているところはありますが、実際に受け入れられる体制を整備できているところはなかなかありません。

前田さんはこういう人事の問題について、いつごろから、どのように取り組んできたのでしょうか?

前田　人事に手をつけたのは10年ほど前からです。最初は大学や企業でいろいろな人事制度を学びました。ある上場企業の人事部長に相談相手になってもらい、その企業が30年間かけてつくり上げた人事制度をそっくり当社に導入したこともあります。しかし、大企業の制度をそのまま持ってきても失敗しますね。うちもやはり痛い目に遭いました。

でも、失敗した分だけ人も企業も成長できるものです。そういう痛い思いを経験しながら、自分の会社に合うものをなんとかつくり上げてきました。基本のところは学んで取り入れ、残りの部分を自分の会社に合わせてどう変化させるかがポイントだったと思います。

私も質問させていただきます。澤浦さんは本拠地の群馬県だけでなく、グループ会社を通じて青森県、静岡県などでも事業を手掛けていらっしゃいます。私の会社はまだ熊本県内にとどまり県外に出ていないのですが、澤浦さんはどういうきっかけで全人や事業をケアしているのでしょうか。全国展開するに当たってはどういう点に気をつけて国展開に踏み切ったのか、また、全国展開するに当たってはどういう点に気をつけて

新規就農者はやりたい農業を素直に実践してくれる

澤浦　全国展開が向くかどうかというのは業種によっても違うと思います。養豚業は1カ所で通年供給ができますね。けれど、例えばレタスの場合は群馬県で栽培しているだけでは生産できない時期が生じてしまいます。夏は青森で、冬は静岡で生産するという体制を取らないと、お客様に通年供給ができません。たまたま生産しているのが、全国展開せざるを得ない作物だったといえます。

現在、青森や静岡で事業を担っているのは新規就農者です。既存の農家の人たちは既に自分たちのやり方を確立しているので、新しいものを受け入れるのは難しい気がします。本拠地から離れた場所で事業を進める際には、私がやりたいと思う農業のやり方を素直に理解して実践してくれる新規就農者に任せることが、一番のポイントではないかと思います。

小泉　西辻さんは新規就農者の育成に携わっていらっしゃいますが、現在、どういう若者が農業の世界に入ってきているのですか？

西辻　従来よくあったのは、両親や祖父母が農家という人です。「今は農家をやる時代じゃないから会社勤めしなさい」と言われてサラリーマンになってはみたものの、何かが違うと感じて会社を辞めて地元に帰り、農業を継ぐというパターンでした。しかし今は農業の経験が全くない人が興味を持ち、「農業を仕事にしたい」と飛び込んでくることが増えました。この10年の間に変わってきたと感じます。

農業に縁がない多くの人は、まず全国新規就農相談センターや市町村の相談窓口などで情報収集をし、ボランティアなどで農業を体験します。その後、都道府県立の農業大学校や地域の農業塾に通ったり、農家で研修生として働きながら研修を受けたりします。1年ほど学んだ後、親元での就農やのれん分けなどで独立就農するか、農業法人などに就職するかというかたちで農業界に入ってきます。

当社のアグリイノベーション大学校も、入学者数はどんどん増えています。毎年、生徒層は変化します。農水省の農業女子プロジェクトがスタートすると女子が増え、産業界でＩＴが盛り上がるとＩＴ技術者が多く入学するという具合に、トレンドに影響を受けやすい面があります。

ものづくりとひとづくりが両立してこそ強い会社になる

小泉　田中さんは講演などで人材育成については教える立場になることも多いと思いますが、あえて今日は聞いてみたいことはありませんか？

田中　決して教える立場ではないんですけれど……。農水省の支援をいただいて日本農業の次世代型人材育成プラットフォームを目指す「オンラインアグリビジネススクール」というのを運営しています。熊本県の農業経営塾も運営しており、前田さんにご登壇いただいて経営手法を披露していただいたこともあります。

その時に強く感じたのは、セブンフーズは人材育成に脚光を浴びがちだけれど、その手前のものづくりの部分で革新的な取り組みをしたからこそ強い会社になったということです。以前から、そのあたりの現場づくりと人材育成という両輪をどのように進めてきたのかをお聞きしてみたいと思っていました。

前田　おっしゃる通り、自分がやりたいものづくりに、ひとづくりをリンクさせなくては会社の強みは発揮できません。それを両立させるために、私たちは相当特殊なことをたくさんやっています。

セブンフーズには常時2万5000頭の豚がいると説明しました。豚は生き物ですから、当然排泄をします。人間に換算すれば10万人分の糞尿で、どうしても臭いの問題がつきまといます。そこで我々は汚水を出さないで済むよう、糞尿を微生物によって分解発酵させる発酵床で豚を飼育しています。この仕組みによって、浄化槽のない、環境負荷の低い養豚場を実現しました。

他にもICTを導入したり豚にイヤータグをつけたり……。様々な新しい技術や取り組みに挑戦しています。どれも大変苦労しました。社員が音を上げそうになったことも何度もあります。そこをなんとか踏みとどまらせ、ひと踏ん張りさせて2年、3年かけて定着させてきました。今では、どれもなくてはならない技術ばかり。新しい取り組みは、社員にとっても成長するいい機会になりました。こうしてやりたい農業と人づくりとを結びつけてきました。

平均年齢32歳、若い人をひき付けるコツとは

小泉　農業の世界は平均年齢67歳。コメ農家にいたっては70歳。超高齢化が進んでいます。その中で、セブンフーズは平均年齢32歳といいます。また、セブンフーズは女性の活用にも力を入れていますね。どうやって若い人や女性をひき付けているのかと興味を持つ方は多いと思います。

前田　具体的な方法論をいえば、有効なのは会社説明会です。リクナビ、マイナビなどの就職情報サイトからもノウハウをいただいています。大事なのは、まず会社説明会の会場に足を運んでもらうこと。そのために都会でやることも必要です。実際、セブンフーズも東京・品川で会社説明会を開いたことがあります。あとは会社についてビジュアルで見せることでしょうね。工夫すべきポイントはいろいろとあります。

といっても、セブンフーズに集まってきた若い人たちは、うちの会社の経営理念に共感してやって来たのだと思います。だからこそ、彼ら、彼女らの夢をどうつなぎ、実現するかということを考えていくことが必要になります。「今の若いものは……」

などとよく言われますけど、「捨てたもんじゃない」といつも思っています。

農業は観察力が優れた女性が大いに力を発揮できる産業です。セブンフーズはこれから数年間で新しい農場建設を予定していますが、女性の農場長を採用し、ダイバーシティーを実現した農場にしたいと思っています。それには、現場にいる若い女性が働きやすい環境をつくる必要があります。今も豚や社員に向けて良い音楽を流していますが、今後はテンションが上がるようなユニフォームも取り入れたいと思います。

国際認証を取得した農場は投資の対象にもなる

小泉　先ほども説明しましたが、私は2020年の東京オリンピック・パラリンピックが農業人材強化の契機になると思っています。これについてみなさんの考えをぜひお聞きしたい。今、日本では国際認証の取得が圧倒的に遅れています。有機食材への取り組みも限定的です。このままではみなさんの農場でつくっているものを2020年のオリンピック・パラリンピックに提供することができません。今から対応しなくては間に合わない。みなさんは、国際認証の取得や有機食材の生産についてどんな考えを持っているのでしょうか。

澤浦　私たちのところは、２０００年に「有機ＪＡＳ」を取得しました。当初は国内向けのみの認証でしたが、その後、欧米でも同等性が認められ、日本で有機ＪＡＳを取得すると海外でも売れるようになりました。実際、私たちの「有機しらたき」はヨーロッパでよく売れています。

その後、食品安全マネジメントシステムの国際規格「ＩＳＯ２２０００」も取得しました。２０１６年にはＩＳＯ２２０００を発展させた「ＦＳＳＣ２２０００」も取得し、米国にも輸出ができるようになりました。同じく２０１６年、グローバルＧＡＰも取得しています。こうした国際認証を取得する過程で現場の人が育っていくというのは、まさにその通りだと思います。現場の人が勉強し知識を蓄えることで農業の枠組み自体が変わっていくと実感しています。

西辻　うちの会社は以前、滋賀に農場を持っていました。もともと有機ＪＡＳの認証を取得していた農場で、僕たちが買収した後、グローバルＧＡＰ認証を取得しようと進めていました。すると、とある大手企業がその農業法人を買収したいと言ってきて。本当は自分たちのところで農場経営を続けたかったのですが、その時は売却を選びました。大事なのは、国際認証を取得しているようなしっかりとした農場は投資の対象にもなるということ。それだけ価値が高いということを強く感じました。

小泉　西辻さんが言ったことは非常に重要だと思います。今、日本では国際認証の評価が低い。そもそも認知度からして高くありません。

九州の西鉄ストアは国際認証を取得した農家のための棚を設置していますが、東京のデパ地下でそういうことをやっているところはどこにもないでしょう。まず流通側のみなさんに国際認証に対する認識を高めていただく必要があります。２０２０年のオリンピック・パラリンピックを見越して、「国際認証を取得した商品を優先的に扱う」というような流通店の動きが広がってほしい。それが農業界にも大きな影響を与えると思います。

さて、この会場には農業界の方だけではなく、経済界、産業界からも多くの方たちが訪れています。後で話が出てきますが、石川県ではトヨタ自動車やコマツが農業に参画して生産性を上げるプロジェクトを進めています。こういう取り組みがもっと深いレベルで進み、連携から融合に近いかたちで広がっていけば農業界からイノベーションが生まれるのではないかと期待していますが、壇上にいらっしゃるみなさんは経済界、産業界にどんなことを望んでいますか？

農業界に近寄りすぎず経済界、産業界のノウハウを持ち込む

田中　私たちはこれまでに、大手商社など20社を超える企業と共同でプロジェクトを進めてきました。その中で強く感じるのは、農業の課題は農業だけでは解決できないし、地域の課題は地域だけでは解決できないということです。どうやって業種業態を飛び越え、地域を飛び越えて連携をしていくのか。もしかしたら1対1ではなく複数の企業が一緒になってやったほうが早く解決することもあるかもしれません。農家はつくるところ、市場は集めて分配するところ、小売りは売るところと分業化してしまうのではなく、一緒にトータルなフード・バリューチェーンを構築していくことが大事だろうと思います。

小泉　農業界と経済界、産業界とで対話の場を持つことが重要であると。

田中　対話は重要です。ただし、その際、経済界、産業界の方たちは農業界をリサーチしすぎないよう気をつけることが必要かもしれません。農業関係者からヒアリングすると農業者の不満と農業界の課題とがゴチャゴチャになってしまいがちです。これまでも農業寄りの考えになってしまい、「できない理由」をみんなで一緒に言い始めてしまうようなことが多かったと思います。

農業界にも産業界にも、それぞれの分野で培ったノウハウや技術がたくさんあります。農業界に近寄りすぎず、自信を持ってそれらを持ち込んでほしい。そうすることでちょっとした改善や改良ではなく、根本から変革可能なイノベーティブな取り組みに近づくのではないかと感じます。

ＡＩやＩｏＴの活用に期待

澤浦　私が産業界に期待しているのは、農業機械の開発です。これから先、外国人や女性、高齢者を積極的に活用したとしても、現場の省力化、合理化は今まで以上に進めなくてはなりません。

先日、米国の農業を視察してきましたが、中南米からの移民がたくさんいるように思える米国でも農業現場での人材の採用は難しくなっているそうです。これから農業機械分野は、すさまじく進化していくだろうと思います。既に米国では画像処理技術を生かして除草する機械が３０００万円ほどで発売されていました。

今までは田植え機などある程度、汎用性がある農業機械が開発されていました。しかしこれからはそれぞれの農業生産法人に合った機械化が進むはずです。従来の機械メーカーだけで対応するのは難しいのではないでしょうか。

私たちはＮＴＴドコモに画像処理技術を畑の除草に役立てられないかと提案し、デモ機をつくってもらい、今、それを試しています。「この畑にはこの雑草がこれぐらい生えていた」とか「こんな病気が発生していた」といったことを画像で確認でき、除草できるようになれば、農業現場の生産性は大きく向上します。経済界、産業界のみなさんとこういうチャレンジが一緒にできることを私は望んでいます。

前田　農業の力仕事を極力減らすにはロボット技術やＩＣＴがとても大切で多くの技術を導入していますが、今後はさらに進めて、豚の体温など健康状態をセンサーで感知したり、ＡＩを活用した管理システムの導入を計画しています。これならば女性に限らず高齢者、外国人労働者でも管理がしやすい。10年、20年と経験を積まなくても、誰でも管理ができるようにするには最新の技術を活用したシステムが不可欠。私もこういう分野で産業界の力を借りたいところです。

小泉　今、農水省でもＡＩやＩｏＴなどを活用することで農業の生産性を向上させるプロジェクトが動きだしています。掃除ロボットの「ルンバ」の除草版がつくれないかという研究を投げかけたところ、「できる」と言っています。これが実現できれば農作業の負担を軽減できます。力仕事が苦手な女性を含め、若い人がもっともっと農業界に入ってくるようになるでしょう。産業界のかかわりを期待したいところです。時間も迫ってまいりました。最後にお一人ずつ、メッセージでも抱負でも構いません。ひと言、お願いします。

世界を舞台に面白い仕事ができる産業

前田　農業には希望があります。うまくいくかどうかは、やりようだと思います。小泉さんがおっしゃったように、TPPがどうなるかといった外的要因に関しては、私たちには手が届かず、どうしようもありません。自分たちの手の届くところを着実にひとつずつ実現していくこと。その積み重ねが評価につながって、農業界は変わっていくと思います。

西辻　10年後に、この産業にかかわる人がワクワクしていることが大事だと思います。イヤイヤ取り組む人がいなくなるような、ワクワクでいっぱいの産業になっていれば、この業界はまだまだ成長していけると思います。私たちも今の気持ちを忘れずに、10年後もワクワクした気持ちで農業を続けていたいと思います。

田中　あらためてお伝えしたいのは、「農業は人」ということです。人の成長以上に農業法人は成長しないし、農業経営者以上の農業界にはならないでしょう。そう自分も戒めています。

農業は今、人によって大きく変わり始めています。私たちのグループでも2017年の春には大卒の新卒者が7人入ってきます。半分は大学院卒です。人がいればどんなことにも挑戦できる。既にベトナムでも農場の経営が始まっています。これからさらに、世界を舞台に面白い仕事に挑戦できると楽しみにしています。

澤浦　私は今が農業の第3の変革期だと実感しています。第1は明治維新で富国強兵の下、養蚕が盛んに行われるようになった時代。第2は戦後の農地解放で地主がいなくなり、自作の農家が増えた時代。そして今また大きく変わろうとしています。これから10年、20年たった時には、今の時代を振り返って「あの時が大きな変革期だった」と言われることでしょう。その時代に立ち会えたことを幸せだと思っています。

小泉　1年ちょっと前に農林部会長になった時は私自身、非常に驚きました。今は、農林部会長になったことを本当に感謝しています。それぐらいやりがいがある仕事です。深く、しかし難しい。でも、すごく伸びしろがある。これからもみなさんと一緒にこの農業界を盛り上げていきたいと思っています。

第二章

農業のグローバル化

政府は2016年に約7500億円の日本の農産物の輸出を2019年に1兆円にする目標を掲げている。自民党の福田達夫・農林部会部会長代理は「輸出潜在力は極めて大きい」と言う。JA全農とジェトロ、神明、青森県りんご輸出協会と多彩な顔ぶれで、農産物輸出の現状や輸出促進に向けた方策を話し合った。福田氏は、「『稼げる農業』を目指し、外貨獲得の担い手になってほしい」と農業界にエールを送った。

商流づくり強化で2019年に輸出額1兆円

衆議院議員　自民党農林部会部会長代理　福田達夫氏

日本の農業のグローバル化について、まず私から問題提起をさせていただきます。日本の農林水産物・食品の輸出はこの数年、非常に勢いよく伸びています。2ケタ成長が続き、2016年の輸出額は7502億円。政府はこれを1兆円にまで拡大することを目標としています。当初は2020年の目標に設定していましたが、今は1年前倒しして2019年に達成させようとしています。

日本の農業生産額は、世界トップ10に入ります。ところが輸出額となると、世界60位にとどまってしまう。輸出潜在力は極めて大きいはずです。

これまでの農政の議論は生産側、供給側の維持・拡大に目が向きがちです。私はもともと商社に勤めていたこともあり、商売の基本は商流づくりにあると考えています。まず、お客様が求める商品をつくる。その商品をお客様の元に確実に届けるための流通を確保する。その流通を通して商品を送り込む中で、お金と情報を取ってくる。こういう動脈、静脈を含めた商流を構築してこそ稼ぐことができるのだと思っています。さらに、「量を売る」ことに加え、「質を売る」、すなわち質の高い品をより高く買ってもらう仕組み側の議論に、より力が入れられるべきと考えます。

日本の農業はこういう、高く売る商流づくりが国内でも弱い。ましてや輸出はといえば、増えているものの、実際に農業生産者や関係する方々が儲かっているかというと、実はそうではないというのが現実だと感じています。

食品産業に巡るお金の量が減っている

国内の食品市場は多くの課題を抱えています。食料品に対する最終消費額は1995年ぐらいまで順調に伸びていたものの、その後は徐々に減っています。その内訳を見ると減っているのは生鮮品です。生鮮品が減った分、加工品や外食に転換したというのならばまだいいのですが、問題は加工品や外食も生鮮品の分まで稼ぐに至っていないこと。つまり、国内では食品に関係する産業に巡るお金の量自体が減っているのです。

食品市場に巡るお金が増えていれば、農業や食にかかわる方たちは安心してその産業で仕事を続けることができます。頭打ちになっている、もしくは徐々に下がっているとなると将来に不安が生じます。食品関係の市場で養える人間の数も限られますから、若い人材が入りにくい産業になってしまいます。

食品加工や外食が頭打ち、もしくは徐々に減っているのは各企業の努力で単価が下がっている影響もあると思います。さらに言えば、家計がそういう安い商品を求める傾向があると考えます。安倍政権はデフレ脱却に力を注いでいますが、実体経済で価格引き下げの趨勢が変わらなければ、デフレがインフレにまで転じることは、このような構造下ではなかなか容易でないことは、川下の産業の方たちならば特に強く実感していることでしょう。

いずれにしても、売り上げをしっかり確保していかなければ産業自体が成り立ちません。国内で食品市場に巡るお金の量を増やせないのなら、世界から外貨を稼ぎ食品関係の市場の中にお金を流し込むことが必要です。これが、政治に与えられた課題だ

農林水産物・食品の輸出額の国・地域別内訳（平成28年）

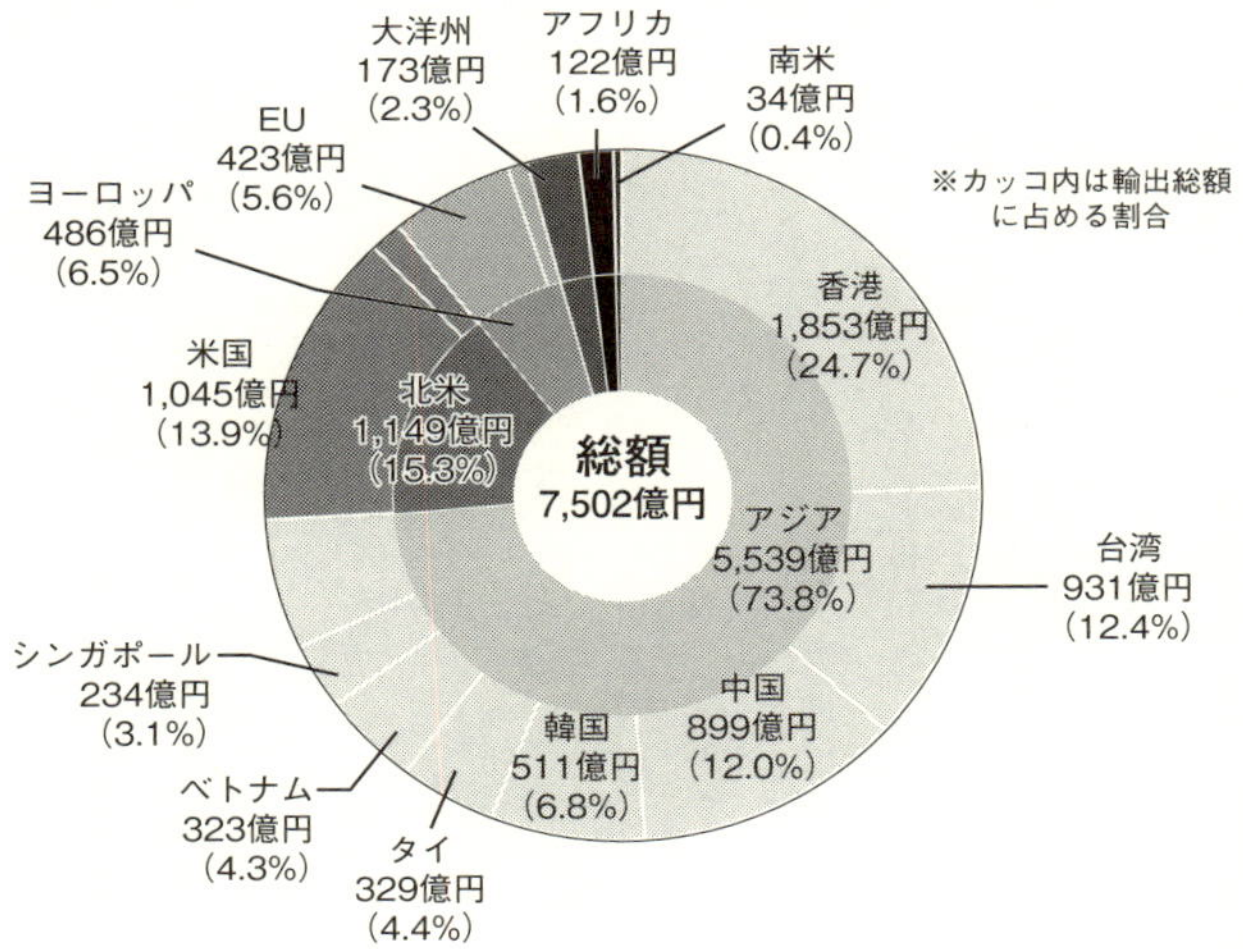

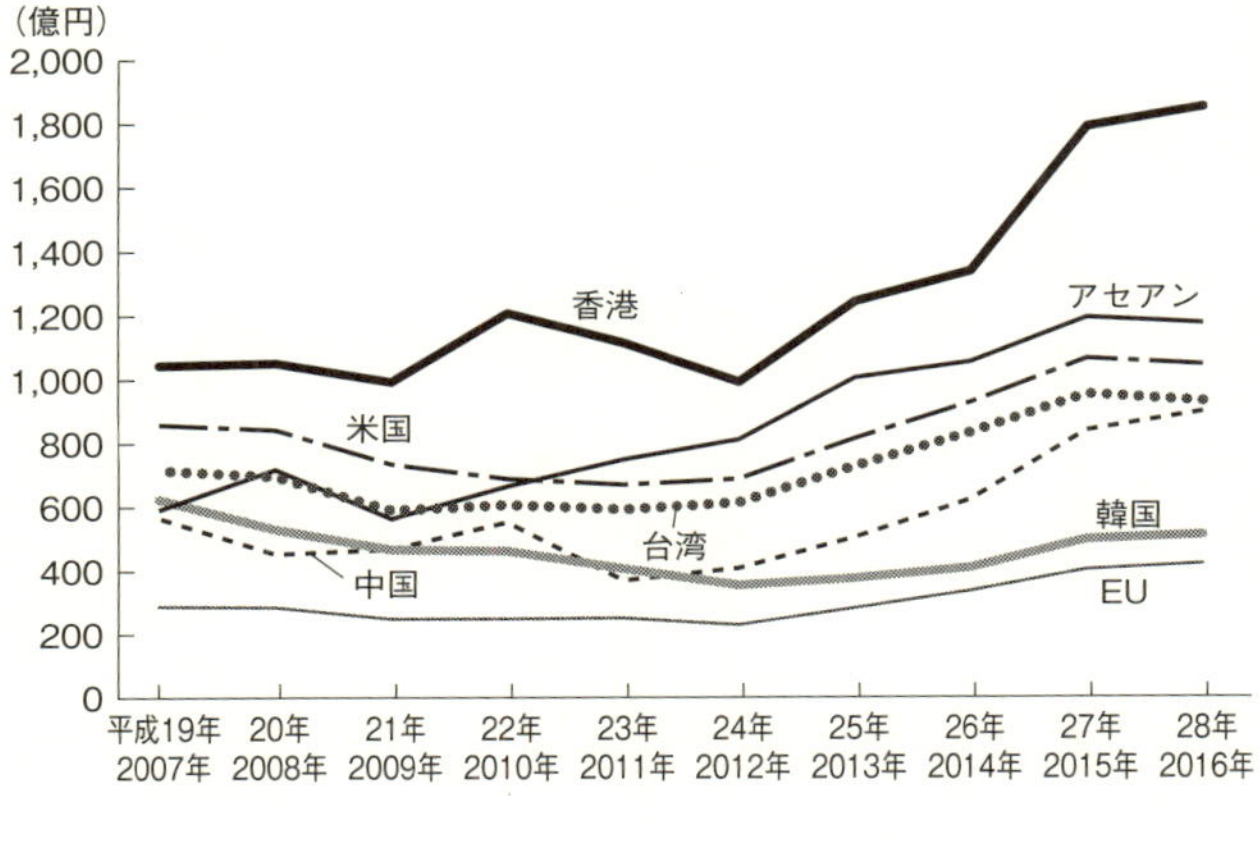

資料：財務省「貿易統計」を基に農林水産省作成

と考えています。

政府は２０１６年11月、「農業競争力強化プログラム」を策定しました。この中で輸出に関しては「日本版ＳＯＰＥＸＡ（ソペクサ）」の創設と地域輸出拠点の取り組みの促進などを挙げています。

海外に農林水産物を輸出するからには、同じ品目でも他国産より日本産を高く買っていただけるような環境づくりをしていきたい。マーケットインを超えたマーケットメイクを時間をかけてでもやり遂げる。いいものをつくって高く売る。さらにそのものにストーリーを加え、もの売りではなくこと売りに昇華する。それを反復的な商流として育てるということが極めて重要です。その役割を担い、活動を始めるのが日本版ソペクサです。後ほどＪＥＴＲＯ（ジェトロ＝日本貿易振興機構）の下村さんにも説明していただきます。

また、輸出に本腰を入れて取り組もうという農業生産者がなかなか増えない現状においては、共同で集荷・発送するなど輸出向けの生産・流通体制を整備し、輸出にかかわる手続きや決済代行などの機能を持つ体制を構築することが有効です。

さらに、狭小と言われながら南北に長く、気候・風土が多様な地域に多く恵まれた

農林水産物・食品の輸出額の品目別内訳（平成28年）

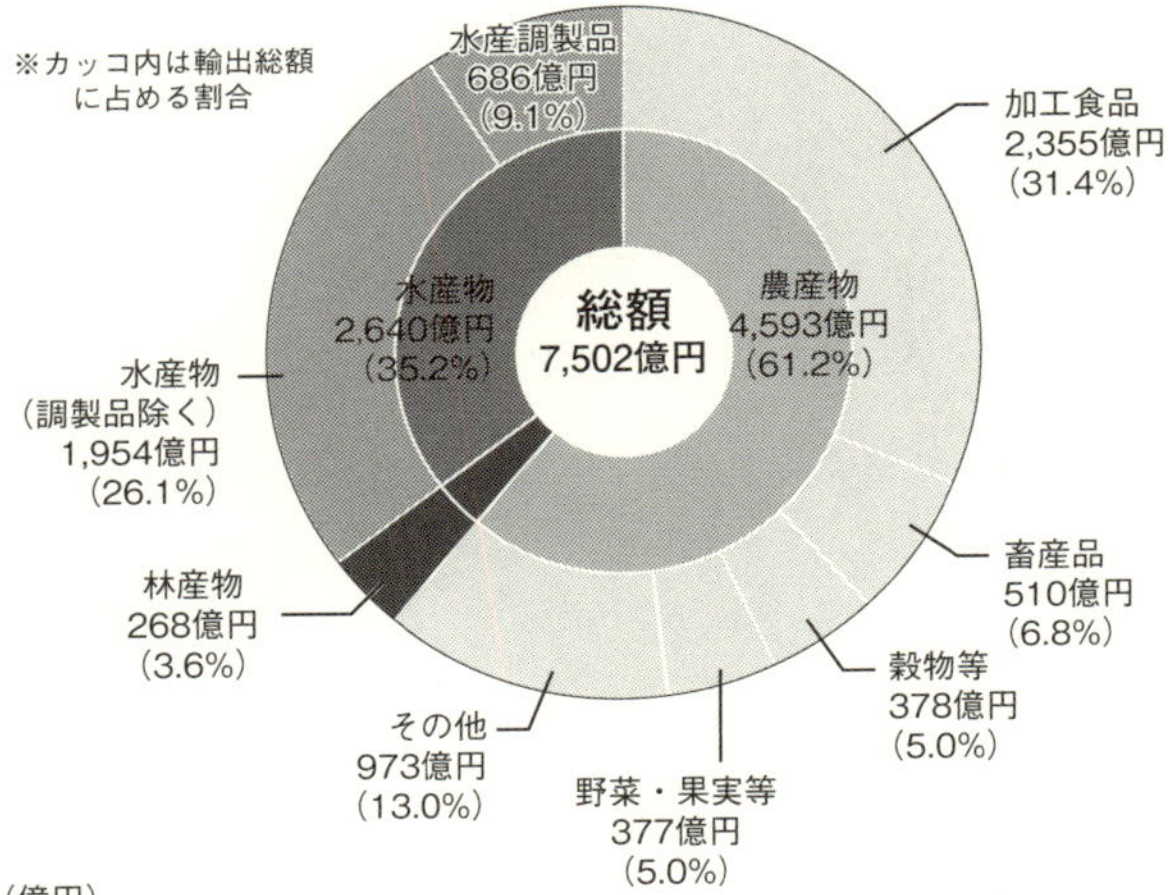

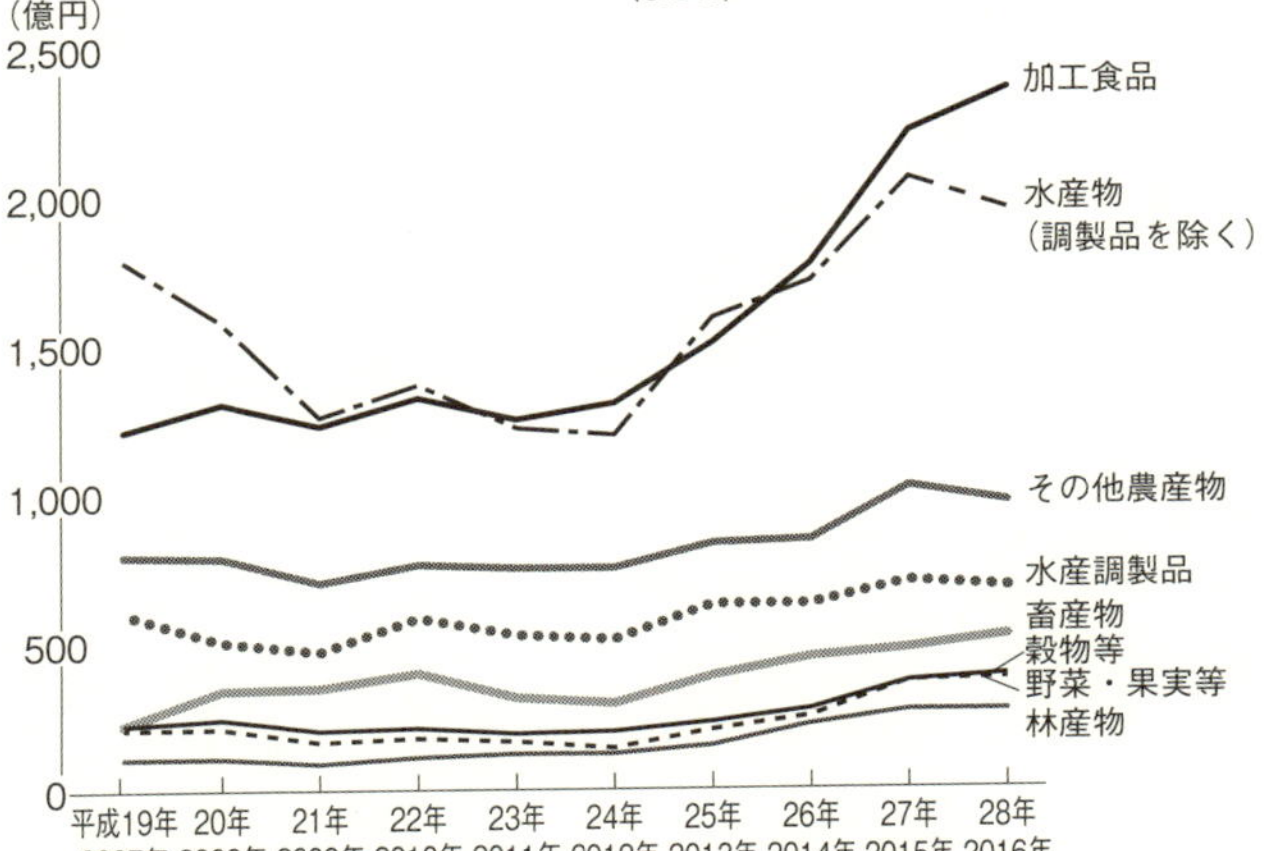

資料：財務省「貿易統計」を基に農林水産省作成

日本には、「その土地だけ」と言える産品が数多く埋もれています。この埋もれた資産を磨き上げて財産にする機能が地域に求められています。各地域でこうした機能を地域輸出拠点として整備することを考えていますが、この機能を担える団体、商社、ＪＡなどの取り組みを支援していきます。

政府は今、農業輸出の拡大に関してこんな絵を描き、各種の政策を進めているところです。

豊富な品種を武器に台湾から世界へ

青森県りんご輸出協会事務局長　深澤守氏

日本全体のリンゴの輸出量は2015年産で約3万6000t、金額ベースで143億円に上ります。全国のリンゴ輸出のうち9割以上を青森産が占めるといわれています。

現在の輸出先は17カ国。トップは台湾で2万7000tを輸出しています。続いて香港に6700t、中国に1600t、そのほか東南アジア諸国へ輸出しています。2015年産から輸出先にベトナムが加わり2017年には300tの輸出を見込んでいます。

青森リンゴの輸出が始まったのは、明治時代のことです。1875年、明治維新の産業振興の一環として青森に西洋リンゴを植栽。それから24年たった1899年にはもう輸出を始めていました。

日本で栽培を始めた当初、西洋リンゴは消費者になじみのない果物でした。そこでリンゴを食べる外国人が多く住む函館、横浜などに出向いて販売していました。その延長で船便のあったロシア極東、当時の満州、台湾などにも輸出するようになったのです。１９４０年には約２万２８００ｔのリンゴを輸出した記録が残っています。

戦後は日本の消費者にもリンゴが定着しました。高度成長期に入ると国内需要はさらに拡大。逆に輸出は下火になっていきました。

21世紀に入って再びリンゴの輸出が脚光を浴びたのは２００２年、台湾がＷＴＯ（世界貿易機関）に加盟し、リンゴの輸入枠を撤廃してからです。これを機に一気に輸出が拡大し、現在まで輸出量、額とも順調に伸びています。

青森産リンゴは現地で高い値段で売られています。台湾には米国、韓国、チリ、ニュージーランド、南アフリカなど世界中のふじが集まります。青森産のふじの値段は1個２７０円ほどですが、米国産は１５０円、韓国産は約１００円ほどですから２～3倍の値段です。それでも売れるほど高い評価をいただいている状況です。

日本の若者はリンゴを食べなくなった

青森リンゴの輸出が拡大したのは４つの理由があります。

第1に通年供給が可能なこと。9月の早生種から翌年8月のCA貯蔵という長期貯蔵のものまで種類が豊富にあります。

第2に中華圏の最大需要期である旧正月に在庫が潤沢にあること。もともと他の産地と競合しないよう、1月以降の出荷が中心になっていたことが幸いしました。

第3に品種のラインナップが豊富なこと。主力の「サンふじ」のほか、贈答用の大玉高級品種「世界一」「陸奥」「有袋ふじ」などが人気です。最近では「トキ」「金星」「王林」といった黄色品種も好まれています。

第4に親日家が多い台湾で高い評価を受けているため、アジア地域の台湾人の人脈で販売が可能になっていることです。

農産物の輸出には、国内向けの販売とは異なる細かな注意が必要になります。

その1つが植物検疫。例えば台湾では日本から輸出した果物に禁止病害虫のモモシンクイガが発見されると、ただちに同じ産地のその品目の輸出が止まってしまいます。2回目に発見された場合には、日本からの輸出はすべて止まります。

また、台湾や香港は最近、非常に厳しい残留農薬基準を設定しています。日本では問題なく販売できる果物も、そのままでは輸出できないことが多々あります。

そのほか、放射能汚染問題にも対応しなくてはなりません。為替の変動や関税の問題もつきまといます。競合相手となる世界のリンゴ産地との競争を勝ち抜くことも必要です。

このように手間がかかり解決すべき課題を抱える輸出ですが、今後も私たちはさらなる拡大を目指していきます。

日本は人口減少に転じています。その上、最近の若い人はリンゴを食べません。残念ながらリンゴは60代、70代が好む果物になっています。このままでは国内消費は先細りです。一方で生産現場に目を向ければ農家の高齢化、後継者不足が深刻で生産量確保が難しくなりつつあります。

こういう厳しい環境の中でリンゴ産業を発展させていこうと考えるならば、世界各地に市場を確保しておくことが重要です。3万6000ｔという輸出量を4万ｔに、さらに5万ｔにと発展させようと私たちは今、精いっぱい力を注いでいるところです。

和食ブームに乗ってコメの輸出拡大を狙う

神明代表取締役社長　藤尾益雄氏

今、世界では和食ブームが広がっています。ある調査によれば、外国人観光客が「訪日前に期待すること」のトップは「食事」。外国人が好きな外国料理も、トップは「日本料理」です。２０１５年７月の時点で海外の日本食レストランの数は８万９０００店舗。２年前の１・６倍に増えています。

日本食の広がりとともにコメの輸出も伸びています。２０１５年の輸出量は７６４０ｔと前年の７割増。２０１６年は10月までで７６７３ｔと、過去最高だった前年１年間の実績を超えました。

コメ輸出の成長率は高いと説明しました。しかし、２０１５年の農林水産物・食品の輸出総額が７４５０億円であることを考えると、コメの輸出金額22億円、コメ・コメ加工品の輸出金額２０１億円というのは、まだ微々たるものです。拡大の余地は大いにあります。

コメの輸出が十分に進んでいない最大の理由は価格です。私たちが香港で業務用コメの卸売価格を調べたところ、日本米は1kg当たり300円。ベトナム産、中国産、米国産は100～140円ほどですから2～3倍します。

北欧でパックご飯が売れる

供給量の問題もあります。2016年度、国内主食用米・加工用米以外の「新規需要米」の生産量は約51万tでしたが、そのうち輸出用米はわずか7950tでした。作付けの段階から輸出用米は極めて限られているのです。その生産量も年によって変動が大きく、海外に安定供給をするのは困難な状況です。

作付け面積が増えない一番の理由は、補助金が出ないこと。これが加工用米や飼料用米との大きな違いです。加えて輸出用米は国内販売が許されていないため、在庫リスクも抱えることになります。これでは生産者に輸出米を生産しようというモチベーションは生まれません。制度運用を見直し、生産者にメリットのある運用を望みたいところです。

日本米輸出のもう1つの課題は、世界一のコメ消費国である中国向けの輸出を伸ばすことです。中国のコメ消費量は1億4800万tと日本の20倍近くに上ります。ところが現在、日本からは全農の指定精米工場から全農が輸出するルートのみで、ほとんど輸出できていません。指定精米工場の認定を得るには、燻蒸施設を保有すること、害虫トラップ調査の結果を提出することなどが必要です。やや煩雑ではありますが、今後、輸出を増やすために販路を広げる上では不可欠な努力です。

神明グループはアジア、EU（欧州連合）、オーストラリアを中心に精米・無菌パックご飯・乾麺の販売に力を注いでいます。2015年度の実績は輸出総量が1797t。金額にして4億円ほどです。これ以外にも他企業を通じて輸出している分があり、合計すると2338tと日本全体のコメ輸出量の30％を占めます。現在、さらなるコメ輸出の拡大を狙い新たな取り組みを進めています。

2017年春より、JAみな穂農協との提携で「富山こしひかり」の中国への輸出を始めます。全農神奈川工場に委託し燻蒸の上、成都イトーヨーカ堂、高島屋、イズミヤなどで販売します。

コメを加工して販売することにも力を注いでいます。1つの商品例が無菌パックご飯。２００９年に富山県の工場に無菌パックご飯のラインを導入し、２０１３年には2ライン目をつくりました。輸出を視野に品質安全の国際規格「ＳＱＦ」の認証を取得しています。

パックご飯はスウェーデンやノルウェーでよく売れています。サーモンの売り場の横に置いてもらい、家庭ですしを簡単に食べられるという仕掛けで売り込んだのが当たりました。ただ、パックご飯は国内需要も非常に伸びているため、今のところ輸出に十分な量をまわせていません。工場を増設し生産能力を上げてさらに輸出を拡大しようと韓国に合弁会社を設立し、計画を進めているところです。

米サクラメント州には、冷凍ライスパテをつくる工場も構えています。炊飯文化、ご飯食文化がない欧米に、電子レンジだけで調理可能なライスパテを売り込むことでコメの消費を増やそうという狙いです。今はカリフォルニア米を使っていますが、将来的には日本米を使った商品を展開していきたいと考えています。

また、外食企業の積極的な海外出店で米食文化の発信を強化しています。グループ傘下の元気寿司は国内140店舗、海外150店舗の店舗網があり、特に香港、中国のアジア地域では120店舗を出店しています。

2016年1月には香港、上海、中国、台湾に90店舗以上を出店するワタミと資本業務提携を結びました。元気寿司と合わせて250店舗、400億円以上の市場となります。まず、このルートに向けて確実にコメを提供していきたい。

今後、機能性成分を売りにした高付加価値のコメの提案、ハラール対応商品の開発など、輸出先の国・地域の多様なニーズに合わせて商品の多様化も進めたいと考えています。

マーケットインの発想で産地を指導・育成

全国農業協同組合連合会（ＪＡ全農）営農販売企画部次長（農畜産物輸出担当次長）上野一彦氏

日本の農業が輸出を推進すべきなのはなぜか。人口が減少しつつあるからです。特に16～65歳の生産年齢人口が減っています。人口が減れば当然、農畜産物の需要も減ります。生産者が同じ量をつくっていくのならば、外に出さなくては余ってしまいます。

日本では様々な農畜産物を生産していますが、輸出の割合はいずれも低水準です。コメは全体の０・１％。牛肉が０・５％、ブドウが０・５％、モモが０・95％。リンゴ、ナガイモは４％ほどありますが、１％に届かないものがほとんどです。拡大余地はまだまだあると考えています。

では全農はどのように輸出と向き合い、拡大しようとしているのか。その点を説明していきます。

我々全農は、農畜産物の輸出事業は究極のマーケットインだと考えています。気候、風土、食文化、嗜好、消費動向など現地のマーケットの情報をつかみ、消費者のニーズに対応した上で企画を提案する。その企画に基づいて、産地の指導・育成に当たっています。

例えば2016年11月には13種の柿を集め、海外でテスト販売を実施しました。販売結果から現地の消費者に好まれる色、形、味の柿を探り、産地にフィードバック。売れる商品づくりを試みています。

リレー出荷で棚を長期間確保

産地の指導・育成では具体的に輸出用産地づくりやリレー出荷体制の確立に努めています。

輸出用産地づくりでは、現地ニーズに合う価格と品質のバランスのとれた商品づくりを進めることが重要です。必ずしも日本で求められる高品質な農畜産物をそのまま持ち込む必要はないと考えています。

現在、日本産の農産物は現地でかなり高く売られています。香港での輸入価格の比

較例ですが、1kg当たり日本産のリンゴは約4ドル、イチゴは約23ドル。他国産の平均の3~4倍です。商品として差別化ができてすみ分けしているということではありますが、結果的に香港に輸入されたイチゴの中で日本産のイチゴの量は全体の2％にとどまります。現地のニーズに合わせて、品質と価格のバランスをどうとるか。一つひとつの状況をしっかり調べ、対応を考えていかなくてはいけないと思います。

リレー出荷体制の構築は輸出相手国の店頭で長期間、棚を確保する上で重要です。また、ムダな産地間競争を避ける効果もあります。シンガポールのある会社向けにダイコンを輸出した際には、4月は長崎、5月は岐阜、6月は青森、10月は長野という具合に、時期によって産地を変えてリレー出荷を実現しました。

輸出部門はトータルコスト削減のための効率的な物流を構築し、また品質を保持するための技術確立に努めています。物流コストを下げたり、棚持ちを良くしたりすることができれば、販売価格を下げることも可能になります。産業界の方々と一緒に、低コスト化を図りたいと考えています。

海外営業では輸入販売を希望する現地卸との提携・出資・買収などを進め、連携を強化しようと動いています。２０１６年11月には英国の卸売会社スコッチ・フロスト・オブ・グラスゴーを買収しました。こうしたM＆Aを通して販路と営業マンを確保し、販売強化を図るのも１つの方法だと考えています。

政府は２０１９年に青果物２５０億円、牛肉２５０億円、コメ65億円の輸出を目標としています。JAグループ（地域JAの直接輸出は除く）の輸出実績は２０１５年度コメ、青果物、牛肉、その他で合計１２４億円でした。２０１８年度には２０７億円、２０２０年度には地域JAを含むJAグループ全体で３８０億円を目標としています。政府が目標とする５６５億円のうち、６～７割を担いたい意向を持っています。

現在、輸出向けの拠点として米ニューヨーク、ロサンゼルス、英ロンドン、中国・北京、シンガポールなどに現地法人や海外事務所を設けています。また、こうした輸出の核となる重点地区にレストランも出店。日本の農産物の普及啓蒙活動を行うと同時に、卸事業を手掛けています。今後、レストランも多店舗展開を進め、販路拡大に努めていきます。

また、政府が２０１９年の輸出目標とする1兆円のうち、加工食品が５０００億円と全体の半分を占めていることに着目しています。現在、加工食品の原料は外国産も多いと思いますが、これを国産に切り替えていけば、間接的に農産物の輸出が増えることにつながります。私たちはこの部分にも力を入れていきたい。食品メーカーなどから提案を受けながら進めていきたいと思います。

ディスカッション

農業のグローバル化を進めるために何が必要か

衆議院議員　自民党農林部会部会長代理　福田達夫氏

福田　ここまで、農業のグローバル化を語っていく上で欠かせない3人の方にお話を伺いました。深澤さんが所属する青森県りんご輸出協会はリンゴ輸出の長い歴史を持つ組織です。藤尾さん率いる神明はコメ卸。川中の卸業が本業ですが、川下の加工や飲食にも、川上の農業そのものにも進出していらっしゃいます。上野さんが属する全農は民間目線で日本の農業全体を牽引する存在。それを行政として下支えしているのが、プレゼンテーションでは時間の関係でお話は伺えなかった、下村聡理事のいるジェトロです。このディスカッションでは、それぞれの立場から意見をいただきたいと思います。

農産物の輸出で根本的な障壁となるのは、そもそも農業生産をしている方々が輸出の必要性をあまり認識していないことだと感じています。あるいは、少し興味はあっても具体的に何をすればいいかわからないとか、やってみたけれど儲からなかったといった理由ですぐにやめてしまうケースも多い。また、市場情報が限られていて、取り引きが不安定だったりします。

例えば、シンガポールでイチゴが人気だ、となると、日本側からイチゴがシンガポールに殺到して、需給バランスが緩んで値段が下落してしまう、ということがあちらこちらで起きています。また、最近はネットで現地バイヤーも品目の相場を知っており、日本側のプレーヤーを中抜きして直接、日本の産地に買い付けに来て、生産者を買いたたくという状況も起きています。

日本の農業・食品市場の状況を考えれば、輸出で稼ぐことの必然性に疑問の余地はありません。一方、このケースからわかる通り、きちんと稼げる商流もないままに輸出に踏み出してしまうと、思ったように稼ぐことはできません。個々の生産者や関係する方々が輸出の必要性を認識した上で様々な工夫をして、できるだけ高い値段で確実に売り込み、利益を獲得する体制を整えることが重要だと思います。

卸という立場でコメの輸出を手掛けてきた藤尾さんにお伺いしたいのですが、神明はどんな工夫をしてきましたか？

生産者が輸出国の現場をよく知ることが重要

藤尾　私たちはコメの輸出に当たって、まず自分たちで海外に市場をつくるところから始めました。海外でレストランを出店し、チェーン化する。そうやって日本の食事を食べていただく機会をつくりました。レストランで日本米を食べ、「寿司には日本のコメが合う」「和食なら日本のコメがおいしい」と感じてもらい、「ふだんから日本米を食べたい」という消費者を増やしたいと考えています。

福田さんがおっしゃったように、輸出の必要性を感じていない生産者が多いのは確かです。これについては、私は生産者の方に現場をよく知っていただくことが重要だと思います。例えば香港で元気寿司を訪ねてもらえれば、日常的に家族連れやカップルが食事を楽しんでいる姿が見られます。香港の元気寿司の1店舗当たりの平均月間売上高は2200万円。非常に繁盛しています。そういう光景を見れば、日本の食が現地の人たちにいかに支持されているかがわかる。これから先、支持してくれる国・地域の消費者に向けてコメや農作物を一生懸命につくり、確実に届けたいという気持ちになるはずです。まずは生産者に現場を知ってもらい、そういう意識を持ってもらいたいというのが私たちの思いです。

福田　深澤さん、リンゴはそもそも日本では生産されていなかった果物で、米国から日本に持ち込んだという歴史がありますね。ライバルも多い海外市場で日本産を選んでもらうためには何ができるのでしょうか。リンゴの価格というのはある程度、イメージする幅が固まっていて、そこから大きくはみ出すようでは買ってもらえません。一方でコスト削減にも限界があります。再生産できる利益を得ながら選択してもらうため、どんなＰＲが有効でしょうか？

深澤　最も効果的なＰＲは、試食販売です。これは世界中、どこでも共通しています。実際に食べていただきながら、このリンゴはどんなところでつくっているのか、どんな方法でつくっているのか、どんな味なのかと伝える。これによって、購買層を拡大することができます。もともと国内で成功したやり方ですが、台湾でも香港でも有効でした。

我々はテレビコマーシャルなど、マス媒体を活用したＰＲも行っています。例えば、最大の需要期である旧正月前に徹底的にコマーシャルを流すことで「ああ、今年も青森リンゴのシーズンが来たんだな」と感じてもらう雰囲気をつくります。ただ、こうした方法は世界中の産地が同じことをやっていますから、それに打ち勝つだけのＰＲ力が必要になります。

「日本版ソペクサ」創設、日本の食文化を海外に売り込み

福田　ここでジェトロの下村さんの出番ですね。一定の価格を維持しながら海外で売れる環境をつくるには、日本の農産物の良さをきちんと伝え、ブランド力を高めていくことが重要です。政府は日本の農産物のＰＲを担う新組織「日本版ソペクサ」を創設しようとしています。この組織の機能について説明していただけますか？

下村　日本版というぐらいですから、オリジナルのソペクサがあります。それがフランス食品振興会。フランス政府がフランス産の食品、特にワインやチーズを世界中に普及するためにつくったプロモーション機関です。この組織の数十年にわたる地道な

活動もあり、日本でもワインやチーズは大いに普及しました。

輸出の促進を図る日本でも導入の検討が進み、ジェトロの組織を活用して、2017年度中に組織を発足させることを予定しています。

食品というのは当然、生命を維持する機能があるわけですが、最近はそれ以上に幸せや安らぎを感じたり、人との会話が弾むきっかけになったりするという付加価値の部分が大きくなっています。日本の農作物の付加価値をしっかり発信することによって日本産をブランド化し、適正な値段で確実に利益を確保できるようにしたい。今回、政府は全力でこの問題に取り組もうとしています。ジェトロも、しっかり下支えしていきたいと考えています。

ジェトロ下村聡氏

福田　日本版ソペクサは新たな組織ですが、従来、ジェトロは輸出促進に当たってどのような取り組みを進めてきたのでしょうか？その点も聞かせてください。

下村　我々は輸出を目指す方々の目となり、耳となり、手となり、足となることを目指してきました。ジェトロは海外55カ国に74事務所を構えています。ここから現地の法制度、流行などの市場情報を集めて国内で提供しています。

国内事務所もほぼ各都道府県にあり、無料で相談を受け付けています。その数は農林水産物関係だけでも1年間に1万件超に及びます。ぜひ、今後も積極的に活用していただきたいと思います。

また、これまで海外のバイヤーを日本に招いて商談会を開いたり、海外で開かれる国際見本市などに「ジャパンパビリオン」をつくってオールジャパン体制で参加したりということにも挑戦してきました。今後も引き続き日本を発信し、ブランド価値を高める狙いで様々な取り組みを精度高く実行していきたいと思います。

輸出拡大には人材育成が急務

福田　現地の方に「日本のものを食べたい」と思ってもらう、実際に知っていただき、食べていただくということを個々の生産者や事業者がやるのはおそらく限界もあるだろうと思います。行政は巨大な力を持ちネットワークを張る存在ではありますが、商売「儲ける」ことは本来業務ではありません。そういう意味ではＪＡグループ、特に経済事業を握る全農への期待は非常に大きくなります。

私のように商社出身の人間からすると、商売は商流を握り、最終的にお客様のところに商品を届けるところにどれだけ食い込めるかがカギだと思います。現地の方たちに信用してもらい、「あなたのものなら買ってみよう」「一度食べてみよう」と思ってもらうことが一番重要。それには人材がものをいいます。大きな組織で多くの人材を抱える全農は、これから海外での販売までどう踏み込んでいくのか。日本代表の宣伝マンともいえる存在になるわけですが、そのあたりはどう考えていますか？

上野　おっしゃる通り、人材育成は輸出拡大のポイントになると思います。

国内では産地の指導・育成に力を発揮する人材が必要です。先ほどお話が出ていた通り、そもそも輸出マインドを持つ生産者の方が少ないという問題があります。なぜ輸出が必要かを伝え、一緒に海外で売れるものづくりをして実際に売り込むということをやり切る人材を育てていかなくてはなりません。内製化するのか、外部の力を借りるのか、十分に考えるべきだと思っています。

海外で営業活動を行う人材については一から育成するのは手間も時間もかかり過ぎます。自ら販売するのが基本だとは思いますが、M&Aなどで商流をおさえる中で人材を確保し、育成するというのも１つの手段だと考えています。


福田　産業界では20年ほど前に自前主義から脱し、できる人材を外から集めてきてチーム力をアップするという段階に入りました。今回立ち上げる日本版ソペクサも、担うべき機能を整理した上でやりたいという方がいらっしゃるのであれば、民間事業者の方にもお願いしたいと思っています。

農業の輸出についても同様で、ＪＡグループの方でも、あるいは個人の方でも構わないので、意欲・能力のある人にしっかりと取り組んでいただき、どんどん高度化し、答えを導き出すことが必要だろうと思います。

これまで日本の農政は、生産の基本である農地と農業者を守り育む議論に重点が置かれてきました。これから先はこれに加えて「稼げる農業」を目指し、外貨すら獲得できる担い手になってほしい。農業生産者の方々、関係する事業者の方々にぜひお力を貸していただきたいと思います。

さらにいえば、日本の農業のグローバル化ということを考えるなら、輸出だけを念頭に置く必要はありません。海外に進出して海外の農場で農産物を生産し、その稼ぎを日本に持ってきて、多少コストはかかっても高品質なものを生産し、世界に高く売り出すといったモデルが出来上がっても面白い。

中国には今や1億円の資産を持つ人が150万人います。5000万円の資産を持つ人ならば数千万人いるといわれます。世界中にお金の流れをつくりながら日本らしい高品質なおいしいものを再生産し続け、資産を持つ人たちに販売する。農政はこういうお金の流れをつくることにも挑戦すべきだろうと考えるし、日本の農業にはそれをする力と魅力があると信じています。

そして、質の高い日本の農産品が日本の顔として、日本の誇りになってほしい。みなさんが持つ機能をコーディネートし、世界レベルに農業を、食品産業を発展させていきたい。あらためてその思いを強くしました。

第三章

ICTを活用したスマート農業

農業には、農地の小規模分散や高齢化によるノウハウの断絶などの課題がある。そこで期待されているのが、ICT（情報通信技術）を活用したスマート農業だ。農地を集約し、匠の技をデータ化することで、農業の生産性を高める余地は大いにある。ICTベンダーの富士通と農業生産法人の新福青果、コンサルタントの日本総研がスマート農業の課題と展望を語る。

ＩＣＴベンダーの枠を超えスマート農業に挑戦

富士通執行役員イノベーション企画・推進本部長　蒲田顕久氏

富士通はＩＣＴベンダーとして農家にシステムを提供したのを機に、農業と接点を持つようになりました。その後、ＩＣＴベンダーという枠を超え、農業そのものも手掛けています。自ら農業を実践する中で、農業と産業の融合が日々進んでいることを実感しています。

ＩＣＴベンダーとして農業にかかわったのは、２００８年10月にスタートした農業法人との実証実験がきっかけです。安定収量の確保、高品質化など「農業における匠の技をいかにシステムに取り込むか」をテーマに、今、お隣にいる新福青果さんを含む全国の農家の方たちと実証実験に乗り出しました。ビジネス化のメドがたち、２０１２年から「食・農クラウド『Ａｋｉｓａｉ』」というブランド名でシステムの提供を開始。現在までに約３５０の法人・団体に採用していただいています。

しかし、システムを売るならば、やはり自分たちでそれを使ってみないと使い勝手も改善すべき点もわかりません。そこで、並行して自社で農業の実践も進めてきました。

その1つが沼津市の工場敷地内に開設した路地栽培とハウス栽培からなる「Ａｋｉｓａｉ農場」です。沼津工場はもともとサーバー工場。コンピューター業界のダウンサイジングの流れで生まれた遊休スペースを利用しました。ここでは葉物野菜や根菜類を栽培しながらセンサー・制御機器との接続を検証したり、データの蓄積・分析・活用を研究したりしています。

もう1つ、会津若松市では半導体工場のクリーンルームを生かし、「Ａｋｉｓａｉやさい工場」をつくりました。レタス、リーフレタス、ホウレンソウなどを栽培しています。半導体製造で培った品質・コスト管理手法を応用し、カリウムの含有量が低く、洗わずに食べられる野菜をつくることに挑戦しています。

ベトナムへのスマート農業拡大も

農業の実践についてもっと本格的に取り組もうと、２０１６年度から静岡県磐田市に土地を借り、オリックス、増田採種場とのジョイントベンチャーでスマート農業事業に乗り出しています。

磐田市でのスマート農業はハウス栽培を基本とし、環境制御を行うことで季節、天候、場所に左右されない理想的な環境をつくり出します。農作物の育成工程にセンサーやビッグデータなどのＩＣＴを活用。生産性を向上させ、品質を高めます。農場の場所は東名高速道路の遠州豊田パーキングエリアのすぐ南。磐田市の協力をいただき、大規模な用地を確保しました。生産物を高速道路ですぐに需要地まで運べる絶好の立地です。

このスマート農業事業は、地方創生を目的に6次産業化を果たそうと立ち上げたものです。3社のほか磐田市、種苗会社、農業生産者、流通・食品加工会社、農業機械・資材メーカー、大学・農学校、エネルギー、金融など、業種・業態を超えた企業・団体・機関の知見を融合し、種苗生産から加工・出荷、販売に至る食・農全体のバリューチェーンにおいて新たなビジネスモデルを生み出そうとしています。ＩＣＴというと電気でつながるイメージがありますが、何事もビジネスの基本は人のつながり。パートナーを見定めてタッグを組むことに力を注ぎました。

まずは２０１６年にケールハウスを建設し、ケールの生産事業をスタートしました。その後、順に葉物野菜ハウス、トマトハウス、パプリカハウスの建設を進め、現在最終段階に入っています。例えばトマトハウスは軒高６ｍ、１００ｍ×１００ｍの大規模な施設を建設中。これから実際に商売を始める段階にきています。

富士通はベトナムでもスマート農業への取り組みを進めています。ハノイに食・農クラウドＡｋｉｓａｉを活用した日本の最新農業を紹介するショールームを開設。日本の安心・安全な野菜がベトナムの地でどう受け入れられるのかを高糖度な中玉トマト、低カリウムのリーフレタスなどをつくりながら探っているところです。ショールームを通じてベトナム政府、現地企業を巻き込み、スマート農業での共創活動を推進していきたいと思います。

ＩＣＴでムリ・ムラ・ムダを排除し規模拡大

新福青果代表取締役社長　新福秀秋氏

新福青果は宮崎県都城市に本社を構えています。直営農場３５５カ所、契約農家約４７０戸でゴボウ、サトイモなどの野菜を生産しています。グループ組織や関連会社を含めた従業員は68人です。

私が脱サラして、家業だった農業の世界に入ったのは40年前のことです。当時、家族会議で「農業をやりたい」と言ったら、親からは「バカ」と言われました。サラリーマンを辞めて苦労の多い農業に入ることに反対だったのでしょう。実際、農業に携わるようになると、その理由がわかりました。

当時、農業には給料というものはありませんでした。社会保険もない。土曜も日曜もありません。ないない尽くしです。「このままではダメだな」と思った私は、給料がもらえて、ある程度の福利厚生が整っていて、決まった日に休みが取れる、最低限の雇用環境が整った農業を営もうと決心しました。小さな規模では収益は安定しないと、徐々に規模を拡大していきました。

脱サラ後に農業を始めた時、直営農場の広さは3・5ha。従業員を採用し、取引先も増やし、徐々に規模を拡大して20～30haになった頃に法人化しました。現在、年間耕作面積は124haあります。米国の農地面積は平均170haでそれには及びませんが、ドイツの農家は平均40～50haですからその2～3倍には達しています。

栽培のノウハウやルールをナレッジ化

従来、農業は原価も歩留まりも把握しないまま大ざっぱに営まれてきました。しかし、そのままではいつまでたっても収益は安定しません。特に100haを超える農地を営むにはムリ・ムラ・ムダをなくさなくてはなりません。そんな中で私はICTに興味を持つようになりました。14～15年前のことです。

さっそく、社内で「あんぽんたんシステム」と呼ぶシステムをつくりました。あんぽんたんの「安心・安全・安価」の「あん」、「本物・本質」の「ぽん」、「単純・簡単」の「たん」から取っています。ウェブ、スマホ、タブレットを使って日々の作業の内容、作業時間、使った資材の種類、使用量などを入力。情報を蓄積していきます。情報はパートを含む全従業員で共有。栽培のノウハウやルールを抽出してナレッジ化します。ナレッジに基づいて行うべき作業の候補を提示。作業計画に反映させます。こうして個人の仕事のバラツキをなくし、一定の収穫量、品質を確保できる体制を整えたのです。

作業や行動を管理するマニュアルも作成しました。家族で営むうちは「あうんの呼吸」ですぐに情報を伝えることができますが、大規模化し従業員が増えると、そうはいかないからです。

日本の農業には素晴らしい技術も環境もあります。日本ほど作物に高い品質を求める市場はありません。そういうところで私たちは農業を営んでいるのですから、素晴らしいものを提供する素地は間違いなくあります。ただ、個々の農家が小さいばかりに、情報がつながっていません。一つひとつ点になってしまっています。私はＩＣＴでそれをつないで線、面にしていきたいと考えています。

今、私は農業の「24時間化」「女性化」「フランチャイズチェーン化」という切り口で農業革命を起こそうと呼びかけています。ＩＣＴやロボット技術をフル活用し、生産性を向上させながら農業生産活動の24時間化を進める。そして男性中心の構造を変革し、女性の視点、感性を生かして経営を革新します。

さらに農業コンビナートの発想で、農業法人や農家がつながることが重要だと考えます。のれん分けによる農業法人経営のフランチャイズ化などで、大口契約にも対応できる新しい農業経営組織を育成するのです。この３つを実行すれば、日本の農業は競争力を維持し、世界に伍していける。そう私は確信しています。

農業人口の減少をチャンスに変える

日本総研創発戦略センターシニアスペシャリスト（農学）　三輪泰史氏

最近、農家の方たちから「何とか農業を魅力的な職業にしたい」という言葉をよく聞きます。今の農業は「作業がきつい」「所得水準が低い」「投資負担が大きい」「単純作業が多くて創意工夫しにくい」という課題を抱えています。これらの課題を解決し、魅力的な産業にできれば優秀な若者たちが農業を志すようになるはず。それを実現できるかどうかで日本の農業の将来は大きく変わります。

日本の農業を象徴する言葉に「就農人口の減少」があります。ネガティブな現象、危機的な状況としてとらえられるのですが、私は違うのではないかと思っています。

私は毎月、世界を飛び回り農業現場を訪ねて歩いています。そこでつくづく日本の農業の弱点だと感じるのは「1人当たり、農家1戸当たりの農地面積が狭いこと」です。今、確かに就農人口は減っています。しかし、もし適切に農地をバトンタッチできれば、それは「1人当たり、農家1戸当たりの農地面積の拡大」というポジティブな要素になり得ます。

今後、新福青果さんのような農業生産法人がもっともっと出てくれば、日本の農業全体を底上げできると思います。

長期的な衰退から脱却するには、従来型の農業保護政策では不十分。ピンチをチャンスに変える逆転の発想が必要です。それに成功すれば日本農業のV字回復は可能です。うまくいかなければ転げ落ちるばかりだと思います。

スマート農業は匠の「目」「頭脳」「手」を代替

ただし、現状を見ると日本の場合、農地の規模を拡大してもコストが下がらず収益性を向上できないという問題が生じがちです。

理由はいくつかあります。離れた農場をかき集めた結果、移動時間やコストが増大する、高単価で手間のかかる作物がつくれず、つくりやすい低単価な作物に偏るといったことです。

稲作ではトラクター、コンバインなどの農機1台とそれを扱う就農者1人がセットになった「コストユニット」が出来上がり、農地規模を2倍、3倍と拡大しても、そのユニットが2つ、3つと増えるだけということが起きやすい。つまり製造業で見られるようなスケールメリットが生まれないのです。実際、稲作の作付け面積が10haを超えると、コスト低減効果はほとんど見られなくなってしまいます。

これに対し、スマート農業で無人走行トラクターを活用すれば、1人の就農者で5台のトラクターを操れるかもしれません。10ha超の規模ではコストが下げ止まってしまうという、現状の農業の問題を解決できる可能性が高まります。

農業において、ICTは匠の「目」「頭脳」「手」を代替することが可能です。目の代替となるのは農業用ドローンや農機搭載センサーであり、頭脳はAIやビッグデータ解析、自動制御技術など。非熟練者でも高度な判断が可能になります。自動運転農機や農業ロボット、植物工場や自動給水のような栽培設備は匠の手を代替します。場合によっては人間では困難な精密な作業も可能です。

スマート農業は大規模農業だけでなく、分散農場を中心とした中小規模農業にも効果を発揮します。条件的には不利な田畑も、スマート農業によって疑似的に大規模農業のように営むことができると考えています。

ＩＣＴを活用したスマート農業へと転換していくことで、農業は魅力的な職業、産業へと変わることが可能です。そうなればこの分野にヒト、モノ、カネが集まるはず。農村地域に新たな活力が生まれ、日本の成長の源泉になると考えています。

ディスカッション

スマート農業で生産性の高い農業を目指す

モデレーター　日経ビジネスベーシック編集長　谷口徹也

谷口　日本の農業はこれから大胆に変革していくことが求められます。その重要な手段となるのがＩＣＴ。既に一部ではＩＣＴを活用したスマート農業が動きだしています。今日はＩＣＴベンダーの蒲田さん、スマート農業を営む新福さん、ＩＣＴに様々な見識を持つ三輪さんという3人で話を進めていきます。

まず蒲田さんにお聞きします。端的にいって、農業にＩＣＴを活用するメリットは何だと考えればいいでしょうか？　あらためて整理していただけますか？

蒲田　誰もが最初に思いつくのは作業の効率化、見える化といったところでしょう。また、これまで「匠の技」とされてきた安定収量、高品質化を実現するための最適な栽培方法をビッグデータによって導き出せるのもＩＣＴ活用のメリットです。つまり、ＩＣＴによって農業経営はぐっと高度化できるのです。

農業の世界では従来、製造業などで当たり前だったコスト管理すら十分にはされていませんでした。けれどＩＣＴが入れば減価償却費、人件費、資材費はどう変動しているか、歩留まりはどれぐらいかというデータを日々蓄積し、生産性を向上するために取るべきアクションを探ることができます。

モデレーター谷口徹也

例えば２０１６年、日本列島には夏から秋にかけて台風がたくさん上陸するなど天候が不順な日が続きました。私たちがスマート農業に挑んでいる磐田市は、日本で一番日照量が多いといわれる地域ですが、その磐田市でも平均の7割ぐらいの日照時間しかありませんでした。お天気には勝てませんが、ではその少ない日照量が2週間、3週間と続いた場合には収穫量はどれぐらい減ってしまうのか、黒字を確保するためには人件費をどれぐらいに抑えればいいのか……。データを基にこうした分析・予測ができると、その後の行動がずいぶん変わります。ＩＣＴが入ることであるべき農業経営の姿を意識できるというのは大きなメリットだと思います。

谷口　では新福さんにお尋ねします。新福青果は富士通の「食・農クラウド『Ａｋｉｓａｉ』」開発の実証実験に参加したとのお話でした。先ほど蒲田さんが説明したように、Ａｋｉｓａｉは安定収量や高品質化などの面で発揮してきた匠の技を取り込むことを目的としたシステムです。新福さんがここに興味を持ったのはどういう経緯からですか？

新福　昔、宮崎県に「全国でも５本の指に入る」といわれるニンジンづくりの上手なおじいちゃんがいましてね。脱サラして農業の世界に入った私も、一度お会いして話をお聞きしてみたいと思っていたんです。しかし、忙しくてなかなか行くことができなかった。やっと時間をつくって訪ねた時には、残念なことにそのおじいちゃんは亡くなっていました。40年、50年かけて築いてきたニンジンづくりの匠の技が天国に持

スマート農業の将来像
（スマート農業の実現に向けた研究会・平成26年3月中間取りまとめ）

スマート農業

ICT、ロボット技術を活用して、超省力・高品質生産をする新たな農業

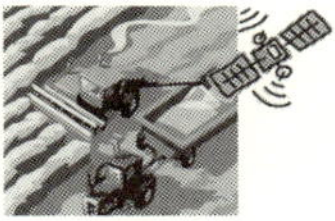

1　超省力・大規模生産を実現

GPS自動走行システム等の導入による農業機械の夜間走行・複数走行・自動走行等で、作業能力の限界を打破

2　作物の能力を最大限に発揮

センシング技術や過去のデータに基づくきめ細やかな栽培により（**精密農業**）、作物のポテンシャルを最大限に引き出し多収・高品質を実現

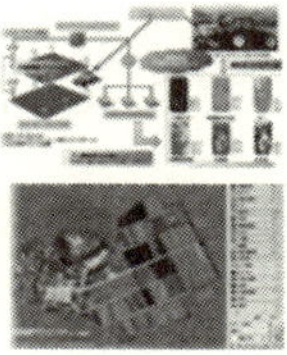

3　きつい作業、危険な作業から解放

収穫物の積み下ろしなどの重労働を**アシストスーツ**で軽労化するほか、**除草ロボット**などにより作業を自動化

4　誰もが取り組みやすい農業を実現

農業機械のアシスト装置により経験の浅いオペレーターでも高精度の作業が可能となるほか、**ノウハウをデータ化**することで若者等が農業に続々とトライ

5　消費者・実需者に安心と信頼を提供

クラウドシステムにより、生産の詳しい情報を実需者や消費者にダイレクトにつなげ、安心と信頼を届ける

出典：農林水産省作成資料をもとに作成

って行かれてしまったことが、とてもショックでした。

ニンジンづくりの上手なそのおじいちゃんのほかにも、匠の技を持つ先輩たちは世の中にいっぱいいます。そういう先輩たちの豊富な知識や経験を生かすことなく、自分ひとりで時間とお金とエネルギーをかけ、技術やノウハウを身につけるのは大変なムダだと思ったんです。このままやっていても一代で農業を成功させることはできない、何か技や知恵を受け継ぐ方法はないかと考えている時に思いついたのが、ＩＣＴを活用することでした。それで富士通さんの実証実験にも参加しました。

従来の農業はコスト管理すら不十分だった

谷口　ＩＣＴを使って様々な情報をリアルタイムに蓄積していけば、40年、50年培った匠の技や知恵を受け継ぎ、作業を標準化できると考えたわけですね。確かにそれが実現すれば、高齢化、担い手不足などが懸念される日本の農業の課題の１つを解決することにもつながります。三輪さん、こうした匠の技、知恵に関しては今、実際のところシステムにどれぐらい反映できているのでしょうか？

三輪　匠の技、知恵は本当に奥深いものです。今のところは、まだ数割しかシステムに落とし込めていないと思います。もっとも、何を１００％ととらえるかという点にも課題があります。

先ほど私はＩＣＴが匠の目、頭脳、手を代替すると説明しました。例えばドローンやセンサーは目に代わるものですが、技術的なことをいえば人間に見えないものも認識できます。高さ10ｍのところからでも、１００ｍのところからでも、もっといえば宇宙を飛ぶ人工衛星からでも地上を見ることができる。土壌の内部すら確認できます。とすれば、システムをつくり込む際には匠の１００％を目標とするのではなく、それを超えて２００％、３００％という先の先まで想定していく必要があるのかもしれません。

そのシステムづくりは、いくらでも時間をかけられるというものではありません。匠の方たちの年齢層を考えれば、５、６年後の２０２０年代前半にはそういう技や知恵を有するシステムが国内に普及し、さらには海外市場をもターゲットに見据えるという段階に到達しているのが望ましい。これは国を挙げて取り組むべきプロジェクトだと思います。果たして本当に実現するのか。正直、今は期待と不安が半分ずつというところです。

蒲田　ＩＣＴベンダーの立場から言うと、システムに反映する匠の技や知恵自体も、どんどん進化させなくてはいけないという命題を抱えています。毎月、蓄積したデータを使って、品質がより高いものをより効率よく、より確実につくるための方法を賢く判断できるようにしなくてはいけないのです。これに関しては、ＡＩの技術を取り込んでいくことになるだろうと思っています。

農場ごとに決算書を出し利益率を改善

谷口　農業にＩＣＴを持ち込みスマート農業を実践するには、様々な設備、機器が必要です。投資が迫られる生産者としては、コストパフォーマンスが気になるところでしょう。これまで経験を積んできた新福さんにお聞きしたいのですが、普通の農家はあまりしないようなＩＣＴ投資をしてきて、それに見合う成果は出ていますか。

新福　目に見えるもの、見えないものも含め、成果は確かに出ていると考えています。ＩＣＴ投資を始めた頃、私たちが持っていた農場の面積は75ha。日本の農家としては規模が大きいほうでしたが、その農場は２７０カ所ぐらいに分かれていたので生産効率が悪いのが問題でした。例えばＡという農場で作業を終えたらＢという農場へ移動し、そこでも作業を終えたらＣという農場へ移らなくてはなりません。その都度、時間もかかるしクルマの燃料費もかかります。農場それぞれに資材も用意しなくてはなりません。

当時、計算したところ、移動に１６００万円、資材に３５００万円と合計５１００万円の余分なコストがかかっていました。新福青果の経常利益は２０００万〜３０００万円ですから、農地の分散によって2年分の利益が失われていることになります。

そこでシステムを使い、農場ごとに栽培履歴から原価を計算し収支を割り出す「畑の決算書」をつくるようにしました。どこにムリ・ムラ・ムダがあるかを探り、それをなくすことに努めたのです。当時の新福青果の経常利益率は2〜3%。あと2%ぐらい上げたいと思ってＩＣＴを導入したのですが、これは利益率改善の上で非常に有効でした。農業に必要な道具はいろいろとありますが、ＩＣＴもその１つ。用意するのは経営者の役目だと思います。

経営数字以外のことでいうと、うちの会社の社員の平均年齢は27・6歳。高齢化が指摘される農業において非常に若いのが特徴です。ＩＣＴの分野にも積極的に投資をしてきたことで「新しいことがいろいろとできて面白そう」と思ってもらえたのではないかと思います。

谷口　ＩＣＴ投資というと、「いくら資金を投じていくらリターンがあった」という数字にばかり関心が向きがちですが、確かに平均27・6歳という若い社員の方が集まったというのは何よりの財産ですね。経営者が先進的な感覚を持って投資をしないと若者も女性も集まってこないということでしょう。

三輪さんは農業用ドローン、自動運転農機、農業ロボットなどの導入を提唱していますが、ＩＣＴ投資のコストパフォーマンス、リターンについてはどのような分析をされているのでしょうか？

三輪　現場の方たちから話を聞いた印象にすぎませんが、農業分野のＩＣＴは正直なところ、まだコストパフォーマンスはあまり高くないように感じています。ただ、新福さんからご指摘があった通り、ＩＣＴ投資は直接的にコストを下げるとか利益を増やすといった方向だけでない波及効果にも期待できると思います。

１つ目は、先ほども話の出た匠の技や、国・公的機関の研究データに誰でも触れられるようになること。農家の方はもちろん、サプライヤーやベンダーが自由に技術やノウハウにアクセスできるようになれば得られるものは大きいはずです。

今、サプライヤーやベンダーの多くは提携農家や直営農家から情報を集めていますが、これには時間もコストもかかります。よりスピーディーに低コストに匠の情報に触れられるようになると、データ解析の精度も上がり結果的に農業の付加価値を高めることにつながると思います。

２つ目は、こうして集めたデータを、農作業において最も付加価値がつけられる栽培に生かせること。省力化や高精度化につながるデータを農業ロボットや自動運転トラクターに移植できれば、最終的にコストパフォーマンス向上にもつなげることができます。

３つ目は、生産者の競争力強化につながる共通の基盤をつくることが可能になること。ＩＣＴ投資を民間の力だけでやり切るのは難しく、補助金などの投入が期待されます。これまで日本は様々なかたちで農業へ補助金を投入してきましたが、使い方があまり上手でなく、必ずしも競争力強化のための基盤づくりにつながったとはいえませんでした。それに比べてＩＣＴ投資は間違いなく農業生産者の足腰を強くします。

ベテランも新米も役割分担をしながら分業できる

谷口　やはり目先のコストパフォーマンスだけでは測れない意味があるということですね。では実際にＩＣＴを導入して、農業従事者の仕事に変化はあるのでしょうか？３Ｋ仕事が減るのか。自らの成長を感じ夢を持てる仕事になるのか。新福さん、どう考えますか？

新福　新福青果を農業生産法人にしたのは１９８７年６月。89年から若手社員の採用を始めました。若手社員を採用するようになってわかったことですが、勤めて1年、５年、10年とたつ間に社員にはいろいろな問題が出てきます。個々人の間に歴然と技術の差が生まれる。そして従業員間で好きとか嫌いという感情が生じます。

農業を営む上では技術やノウハウを従業員の間で共有化、標準化することが理想ですが、人間ですから中には「アイツは気に入らないから教えたくない」というようなことが出てきます。経営者からすると、こういう事態は安定的な農業経営の障害になります。

先ほど紹介したように、私たちは農業規模を拡大する中であんぽんたんシステムを導入しました。その後、２００９年からは富士通さんのＡｋｉｓａｉで人も物も技術も情報も管理するようになっています。こうしたシステムを導入し情報を共有することで、個々の技術や好き嫌いに関係なく、社員が組織の中で役割分担しながら分業できるようになりました。結果的に人材育成にもつながったと思います。

ＩＣＴは万能ではない、農業のプロとタッグを組む

谷口　農業の仕事は生産者が一人で抱え込んで作業をするというイメージがありますが、それでは人材は育成できないし、若手への技術やノウハウの継承もできません。一般企業と同じように、コミュニケーションを取りながらチームで仕事ができるというのは重要なことですね。富士通は磐田市でスマート農業を実践しています。農作業を行う上でＩＣＴは今まで縁遠いものととらえられていたと思いますが、従業員の方

たちは問題なく取り組んでいますか？

蒲田　実際にやってみると、パートさんたちでもＩＣＴに対する抵抗感というのは意外と少なかったです。新しいものでもすぐに慣れてくださいました。

我々は農作業の効率化とか農業経営の高度化を狙ってＩＣＴを導入していますが、必ずしもＩＣＴが万能だと思っているわけではありません。狙い通りの効果を発揮するには作物の種類、周辺の気候、栽培の時間など条件を微調整することが必要。真にＩＣＴを使いこなすには、農業のプロとタッグを組むことが大事です。

まだスマート農業は完全には自動化できておらず、人間とＩＣＴが結びつくことが必要な「セミＡＩ」の状態なのです。そういう意味では、農業従事者たちのＩＣＴリテラシーがさらに高まることが、今後の農業を発展させる上でのポイントになると考えています。

それから、先ほど人材育成の話が出ましたが、私たちのお客様からも「Ａｋｉｓａｉを人材育成のツールにしたい」という声をよく聞きます。規模の小さい農業生産法人の場合、社長は自治体との折衝も自らやるし、栽培、営農、販売に関して従業員の指導もする。年中、忙しく飛び回っています。直接的な栽培にかかわる仕事はなるべく社員に任せたいし、特定の人が持つ技術やノウハウは全員に共有させたい。時間、距離のギャップを埋め、人を育てるツールとして、ＩＣＴは有効だと思います。

自動走行や無線の規制緩和が課題

谷口　最後に、みなさんにお聞きします。農業にＩＣＴを導入し発展させていく上で、政府や公的機関はどういう役割を果たすべきでしょうか？　制度、政策などに期待することがあればお話しください。

三輪　先ほども少し触れましたが、農家の方が広くメリットを享受できるものについて、大胆にお金を入れてほしいと思っています。これまではメーカーやシステムインテグレーターが個別にシステムをつくり上げるかたちでした。これでは世界で勝てないと感じます。

よく先進的な優れた農業を営む国の例としてオランダが出てきます。私はこれまで何度もオランダに足を運び、施設園芸の現場を見て回っていますが、実際には日本のほうがずっと優れている面がたくさんあります。日本の特定の地域、特定の農家では有形無形の優れたものが存在している。しかし残念ながら、それが全体の競争力として出てきていない状態です。新福さんがお話しされたように、技術やノウハウが埋もれたままだったり、一代限りで消えてしまったりするからでしょう。ボトムアップ型の技術開発で積み上げた成果をきちんと形に残すようなデータベース構築は、国にぜひ期待したいところです。

もう1つは規制緩和。スマート農業が実用化される局面では必ず、規制の問題に直面します。例えば今、自動運転のトラクターやコンバインが隣の畑や田んぼに移動しようと1本道を横切れば「公道の自動走行」の規制対象になります。自動走行ができなければ、農機1台、就農者1人というユニットコストを削ることができません。

また、広い農地でICTを導入するには強力な無線が必要ですが、今の電波法では中継地点を何個もつくらないといけないので、投資コストがかさみます。農業活性化の視点で見直し、大胆に規制緩和をしてほしい。

公的な競争力をつけるための仕掛けづくりと、それを定着させるための規制緩和。この2つを強く要望したいです。

蒲田　私たち自身が農業に携わってみてわかったことですが、種苗、生産、加工、流通からなる「フード・バリューチェーン」は、実はとてもつながりが悪い。あちこちでチェーンが切れています。ですから、今は例えばトレーサビリティーを確認しようとするだけでも相当な手間をかけなくてはならない状態です。これでは安心・安全なものを供給しようとか国際競争力を高めようといっても、なかなかパワーを発揮できません。

「ＧＡＰ」「ＨＡＣＣＰ」といった認証も、フード・バリューチェーン全体に及ぶものではありません。これが工業製品におけるＩＳＯなどと大きく異なる点です。フード・バリューチェーン全体の観点で見直していただけないものかと思います。

細かいところでは土地の税制、農地法などについても農業をやりやすい環境整備をしてほしい。現状では規模を拡大すればするほど様々な問題にぶち当たることが増えると感じています。今は変革のチャンスですから、強力に改革を進めていただきたいですね。

過疎地域は農業経営者にはチャンス

新福　私は国も市町村も意識を変えなくてはいけないと思っています。過疎化だ、高齢化だと嘆くばかりでなく、それらをチャンスに変えられないかと視点を変えることが必要です。

新福青果が本社を構える宮崎県都城市は年間で800億円弱、全国2位の農産物出荷額を誇ります。こうなると非常に競争が厳しい。耕作放棄地や遊休農地はほとんどありません。農地借地代が上がって、コスト高の要因になっています。

同じ宮崎県の中には高齢化で過疎化が進み、限界集落とか、崩落集落と呼ばれる地域もあります。実は、私たちのような拡大志向の農業経営者からすると、こういう〝人がいない〟地域は狙い目なんです。日本ほど農業インフラ、また社会インフラが整備されている国は世界にあまり例はありません。既に国が大きな投資をして整備してくれているところに人がいなくなったのですから、進出のチャンス。そういう発想で、ICT農業挑戦のために開設したのが宮崎県西都市の農場です。

「雇用を創出します」「地元の特産品をつくります」「億単位の投資をします」と言っ

たら喜ばれましてね。市の協力を得ることもでき、耕作放棄地を含む畑を集落単位で一括して借り上げることができました。

谷口　人口減少だ、少子高齢化だと嘆くのではなく、いっそ空いた土地を大規模な農地にして農業経営を拡大したい企業を誘致する発想を持てば、地域振興、地方創生につながり得るということですね。今、指摘いただいたポイントだけでも規制の問題、法律の問題、意識の問題など対処すべき点はいろいろあります。ぜひ国や自治体は対策を講じてほしいと思います。

就農人口の減少、高齢化など厳しい状況が指摘される農業において、ＩＣＴを使ったスマート農業に大きなチャンスが広がっていることは間違いありません。ＩｏＴ、ＡＩなど新しい技術も活用しながら匠の技や知恵を継承し、フード・バリューチェーン全体で効率化し生産性を高め、収益を向上させていけることを願っています。

第四章

流通構造改革【PART 1】

企業経営者は、農業経営の課題と可能性をどのように見ているのか。アイリスオーヤマの大山健太郎社長とコマツの野路國夫会長に語ってもらう。アイリスは東日本大震災後にコメ事業に参入。コマツは農業の生産コスト削減に取り組んでいる。大山氏は農業には生活者目線を持ち、ユーザーインの発想が不可欠だと説く。野路氏はパートナーと組み、技術革新を起こすことの重要性を指摘する。後半の対談では、企業経営者の立場から農業の課題について率直な意見を交わした。

生活者目線でコメ市場を改革

アイリスオーヤマ代表取締役社長　大山健太郎氏

アイリスオーヤマの大山です。本社は宮城県仙台市にあります。主力事業は生活用品の製造販売。最近ではＬＥＤ照明や家電製品などをつくり、販売しています。

そんなものづくりの企業であるアイリスオーヤマですが、２０１３年からコメ事業を手掛けています。なぜ農業分野、それも主食であるコメ事業に進出したのか。少しご説明したいと思います。

２０１１年、東日本大震災が発生しました。アイリスオーヤマは、グループ会社を入れて宮城県だけで１５００人近くの社員がいます。大変残念なことに、津波でそのグループ会社社員のうち３人の尊い命が奪われました。被害を受けた東北の企業は全国各地の市民のみなさまから、また経済団体などからいろいろなかたちで多大な支援をいただきました。

当社は東北を代表するものづくり企業。私は仙台経済同友会の代表幹事も務めています。様々なかたちでいただいた厚い支援を、被災地復興に役立てなくてはいけないと日々、努力しました。当社の場合、それを具体的なかたちにしたのがLED照明であり、家電製品でした。

コメは「商品」ではなく「製品」のままだった

ただ、東北地方の経済状況を見てみれば、現実は非常に厳しいものがあります。少子高齢化、人口減少が進む一方で、グローバル化の波の中で中国を中心とするものづくり大国と闘っていかなくてはいけない。第二次産業、ものづくり産業で東北の復興を実現するのは容易ではありません。私は東北がもともと強みを持つ第一次産業、特に沿岸部は水産業、内陸部は農業を中心に震災後の復興を目指すべきだと考えました。それがアイリスオーヤマがコメ事業に参入した理由です。

当社はプロダクトアウトの発想ではなく、生活者視点であるユーザーインの発想で需要を創造することを得意としてきました。これまで生活用品の製造販売を手掛ける中で、ペットブームやガーデニングブームをつくり上げてきたという自負があります。そういう視点で日本のコメ産業を見た時、実に様々な問題が存在していることに

気づきます。それらを解決しさえすれば、コメ市場で新たな需要を創造できると確信しました。

例えば、従来のコメの売り方には非常に疑問を感じました。コメ売り場にどんな商品が並んでいるかを思い浮かべてみてください。大きなポリ袋に10kg、5kgのコメを詰めた商品が中心です。

当社はペット用品の中でペットフードも手掛けています。ペットフードの売り場でも、当社が販売する以前は大きな袋に10kgのフードを詰めた商品が主流でした。大型犬を飼っているなら、10kgのペットフードも1カ月ぐらいでなくなるかもしれません。けれど昨今人気の小型犬の場合はそんなに多くの量を食べませんから、大袋入りではなかなか消費しきれません。開封してから時間がたったペットフードは、酸化して臭いも強くなります。大袋入りのペットフードは飼い主にもペットにも使い勝手の悪い不便なものでした。

そこで、当社は新鮮なまま食べきれるよう、ペットフードを小袋パックに詰めて売り始めました。加えて酸化を止めるため、小袋の中に脱酸素剤を入れて風味を長持ちさせるようにしました。今、ペット用品売り場に並ぶペットフードは、ほとんどが小袋で売られています。10kg入りの袋で売られている事例はほとんどありません。

ペットのエサでさえ小袋で売っているというのに、我々の主食であるコメは依然として大袋入りばかり。これはどう考えてもおかしいのではないでしょうか。

私は以前から、農業にかかわる方たちに「コメの売り方には問題があるのではないか」と指摘していました。話をするとみなさん「確かにそうだ」と同意してくださいます。しかし、現実の商品はほとんど変わりません。

パッケージのサイズは変わりつつあり、かつて20kg入りだったものが徐々に10kg、5kg、2kgと小さくなってきてはいます。しかし大きな袋に詰めるという発想は全く変わりません。スーパーに行けばキュウリだってサンマだって1本、1尾という単位で売っています。コメだけがそういう小回りがきかない。私にいわせれば、コメは「商品」ではなく「製品」のままだったのです。

東北のおいしいコメを全国に届けるには

当社は先ほど説明したように、震災に見舞われた東北を復興したいと考えてコメ事業に参入しています。東北の強みは何かといえば、三陸海岸の魚であり、秋田、山形、宮城のコメです。雪解け水で育つコメはおいしい。東北は日本でも有数のコメどころです。

私は昔、大阪に住んでいました。仙台にやって来た時、「ご飯とはこんなにおいしいものなのか」と驚きました。このおいしいコメを日本中に届けたい。

東北に限らず、最近は各県の農業研究所などがコメをどんどん開発し、ブランド米に育てあげています。コメはどんどんおいしくなっています。しかし、そのおいしいコメはおいしいご飯となってみなさんの口に入っているでしょうか。私はその点に少し疑問を抱いています。

どんなコメも新米はおいしい。そして精米したてのコメはおいしいものです。しかし、収穫から時間がたち、春や夏になれば味は落ちます。精米から時間がたっても同じことです。しかし、消費者はみな大袋入りのコメを買い、家に置いています。必然的に精米から時間がたったコメを食べることになります。

伝統的に、日本の消費者は今日炊いて食べるコメを今日買うことはしません。ある程度、備蓄できるように買い置きしています。その証拠に、東日本大震災の際、電気が通じずに苦労したという話は山ほど聞きましたが、「家にコメがなくて苦労した」という話は聞いたことがありません。

つまり、売り場では消費者も一生懸命、精米日が新しいコメを選んで買うのかもしれませんが、家庭に持ち帰った後には1、2カ月置きっ放しというのがごく当たり前の状態なのです。当然の成り行きとして、その間に日々味は劣化しています。

10万円超の高級炊飯器が売れるのはなぜか?

では、このようなコメの販売スタイル、消費スタイルが定着したことによって、どういうことが起きているでしょうか。

誰しも毎日、主食として食べるご飯はおいしいものを望んでいます。そこで日々、劣化していくコメを少しでもおいしいご飯にするために、消費者は高級炊飯器を買い求めています。メーカー各社が工夫を施した、10万円超もする高級炊飯器が飛ぶように売れています。

けれど、まずいコメはいくら高級な炊飯器で炊いてもまずいのです。逆に精米したての新鮮なコメならば1万円ほどの安い炊飯器で炊いてもおいしいのです。従来、日本では生活文化とコメの流通形態がかみ合わず、消費者はおいしいご飯を食べることができていなかったわけです。

東北のおいしいコメを全国に届けたい。それを東北復興のテコにしたい。そう思った当社はまず精米工程を改革しました。

コメは温度が40℃を超えるとどんどんおいしさが失われます。そのため、コメ業界は15~16度の低温倉庫で保管して味が劣化しないように努めています。ところが、コイン精米をしたことがある人ならわかると思いますが、精米機にかけるとコメは摩擦熱で熱くなってしまいます。その温度はだいたい60~65℃。しかも低温で保管していたコメを急に60~65℃にもなる精米機にかけると結露が生じるということで、精米所では低温で保管していたコメをわざわざ2~3日かけて常温に戻してから精米しています。なんとももったいない話です。

そこで当社は4年前、倉庫と工場を一体化し、15℃以下の環境で保管から精米、包装まで行う「低温製法」を実現する施設をつくりました。このように精米の方法を変えたら、新米から時間がたっても味はほとんど変わりません。実際に中山間地のコメ、雪解け水のコメなど様々なコメで検証しましたが、常においしいご飯が出来上がります。まさに精米のイノベーションです。低温製法という言葉は商標登録をしています。

さらに、低温製法で精米したコメを小袋に詰めて販売することにしました。ラミネートの袋に入れて窒素と脱酸素材を入れて封をすれば鮮度を保つことができ、1年たっても新米の味のままです。

小袋のサイズも工夫しました。ご飯を炊く時、みなさんは1合とか2合という「合」を単位にしているはずです。どの家庭でも、5kg、10kgと買ったコメを1合カップで量り、それに合う水を加えて炊いています。1合が何gなのかを知っている人はほとんどいないでしょう。ならば、はじめから量目は合にして売ればいいのです。そうすればわざわざ1合カップで量らなくてもそのまま炊飯器に入れれば済みます。

「簡単」「便利」「おいしい」を追求

食にとって大切なのは「簡単」「便利」「おいしい」という3つのキーワードです。残念なことに、コメはこの3つのキーワードから外れたものとなっていました。

この50年間で日本人が食べるコメの量は半減しています。50年前は1人年間約110kgのコメを消費していました。それが今では60kgを切るまでに減っています。もちろん、高齢化で1人当たりの食べる量が減っていることも影響しているでしょう。けれど、より直接的にはコメの需要がパンや麺に移ったからだと考えられます。

なぜパンや麺に移ったのか。パンや麺は「簡単」「便利」「おいしい」からです。朝はご飯を炊いたり味噌汁をつくったりするより、ボタン1つ押せば2分でトーストができるパンのほうが簡単で便利です。ご飯はおいしいけれど面倒くさいのです。

おいしいご飯を炊くのにかかる手間を少しでも減らそうと、当社が2016年に発売したのが「銘柄量り炊きIHジャー炊飯器」です。

実はコメを炊く際、最適な水加減は銘柄によって異なります。従来は一律に1合炊く時には1合分の水、2合炊く時には2合分の水を注いできました。しかし、実際には同じ1合でも「あきたこまち」に適した水加減、「ゆめぴりか」に適した水加減、「つや姫」に適した水加減があります。この水加減を間違えるとベタベタしたご飯や固いご飯になってしまい、おいしくなくなります。

「銘柄量り炊きIHジャー炊飯器」は、内釜に入れたコメの銘柄と重さから、最適な水の分量をはじき出す機能を搭載しています。必要な残りの水の量がカウントダウン表示されるので、「OK」の表示になるまで水を注げばいい。2合、3合といったキリのいい量ではなく、目分量でコメを入れても、ちょうどいい水加減で炊き上げることができます。

当社は家電製品を製造販売していますが、炊飯器は成熟し「これ以上改善の余地がない」と思われていた商品です。しかし、実際にはこんなイノベーションを生み出すことができました。

精米の仕方にしろ、ご飯の炊き方にしろ、つくり手の発想、プロダクトアウトでは新しいものを生み出すことはできません。消費者目線、生活者目線を持ち、ユーザーインで考えていったからこそ、新しい商品を生み出すことができたのです。

低温製法でつくったコメをパック米、餅にも

当社はコメ事業をさらに拡大すべく、商品の幅を広げつつあります。その1つが低温製法でつくったコメを利用したパック米です。

今、単身赴任中の男性などはコメを炊飯器で炊くということはあまりしません。パックされたご飯を電子レンジで温めて食べています。パック米はとても成長率の高い商品です。実際のところ、炊きたてのご飯に比べればパック米の味は落ちます。けれど圧倒的に便利。多少味が落ちることを理解した上でパック米を選んでいる人も多いことでしょう。

そのパック米も低温製法でつくったコメを使うとやはりおいしくなります。もちろん本当の炊きたてよりは味が落ちるけれど、残りご飯、少し時間がたったご飯との比較ならば、ほとんど変わりません。

もうひとつ、当社は餅もつくりました。おいしいコメでつくれば当然、餅もおいしくなります。餅は正月しか食べないという人が多いと思いますが、当社がつくったのは厚さ7㎜ほどの切り餅。熱湯に3分つけるだけでおいしく食べられます。焼かなく

ても、うどんの中に入れればすぐに食べられます。

ご説明してきた通り、我々は当初、東北の農家を元気にするために、東北のおいしいコメを全国に売るために、コメ事業を手掛けました。消費者目線に立って「簡単」「便利」「おいしい」を追求。レンジでチンすればおいしく食べられるご飯、3分熱湯に入れればおいしく食べられる餅と商品化を広げてきました。結果的に日本のコメの消費量を増やすことに多少なりとも貢献していると思います。

ここから先は消費者の意識変革も必要だと感じています。消費者の間ではコメが「高いもの」という錯覚があるようですが、本当にそうでしょうか。茶碗1膳分のコメの量は65gほど。コメは1kg400～500円ですから1膳分のコメの値段は30円前後にすぎません。食卓には肉も魚も野菜も並ぶ中で、ご飯1膳30円というのは決して高くはないはずです。

スーパーのチラシを見て一生懸命、1kg350円ほどの安いコメを買いに行っても、1膳に置き換えてみればわずか数円の差です。一方で、多くの消費者が「おいしいご飯が食べたい」と10万円を超える高級炊飯器を買っているのですから、ややちぐはぐな気がします。

我々はこれからも異業種であるものづくりの立場から、「簡単」「便利」「おいしい」を追求し、消費者の意識変革も促しながら日本の食生活を変えていきます。食文化を変えるのは時間がかかります。普及啓蒙に努めつつ、一歩一歩進んでいきたいと考えています。

コメの生産コスト半減に挑戦

コマツ取締役会長　野路國夫氏

今日はコマツが創業の地・石川県の活性化のために取り組んだ農林業支援の話をしたいと思います。

ご存じの通り、コマツは建設機械を製造・販売するものづくりの企業です。農業とは縁のない異業種ではありますが、ものづくりのＤＮＡは農業にあるという考えの下、あるべき農業の姿を描き、実行してきました。

石川県は地理的に「能登地区」「金沢地区」「加賀地区」の３地区に分かれます。それぞれの地区に特色と課題があります。

能登地区は、温泉があり観光業が盛んで、里山が広がります。棚田などもあってとてもきれいな地域です。ここでは里山と観光業とを共生させつつ特色のある地域づくりをすることが課題です。

金沢地区は、新幹線が開通したことで旅行客がどんどん来ています。少子高齢化の

中でも人口が増えています。加賀野菜や加賀料理の人気が高く、都市近郊農業は大きなビジネスになりつつあります。ここでは他の地域では食べられないものをいかに加賀料理で食べられるようにするかがポイント。加賀野菜を品種改良しつつ魅力あるブランドに育てていくことが重要です。

コマツがある加賀地区には、日本でも有数の技術力の高い機械工業クラスターが集積しています。ものづくり産業と農業がいかに共存するかが加賀地区の一番の問題です。実は当社の社員にも、コメ農家を兼業している人がいっぱいいます。兼業農家の田んぼは小さいですから、農地を集積し、経営規模を拡大していくことも必要になります。

コメの生産コスト半減に挑む

我々はこうした石川県の現状を押さえた上で、「農林業活性化のために何をすべきか」を県と議論しました。出てきたテーマは3つあります。

第1に、コメの生産コストを半分にすること。第2に、加賀地区や金沢地区で栽培しているトマトの収量を増やすこと。第3に、山の中に放置された未利用間伐材を有効活用し林業を活性化することでした。順にこの3つの話をしていきます。

どんなプロジェクトもまず始めるには資金が必要です。ものづくり産業の事業は研究開発からスタートしますから、それに費用がかかります。研究開発は成功することもあれば失敗することもあります。開発ならば7～8割は成功しますが、基礎研究は全体の5～10％ほどしか成功しません。それを承知の上で研究開発費用を投じることになります。

そのような性格の費用であることから、税金を預かる県としても十分な研究開発費は出せません。また農林水産省や経済産業省の資金を活用するには時間がかかります。

そこですぐに使うことができる資金を集めようと、まずコマツが6000万円を寄付し、ファンドを組成しました。ここに石川県にも1000万円を拠出してもらいました。

地銀にも加わってもらおうと北國銀行に声をかけ、1000万円を出してもらいました。こうして8000万円の資金を元手にプロジェクトをスタートしました。

生産量のカギを握るのは「均平度」

まず取り組んだのはコメの生産コスト半減プロジェクトです。

コメの栽培には「播種《はしゅ》」「育苗」「耕起」「代かき」「田植え」といった生産工程があります。我々はそれぞれの工程におけるコストの比率を割り出し、どこをどう削ることが可能かを探りました。

2分の1というレベルにコストを削減しようというのですから、相当、大胆な改革をしなくてはなりません。従来のコメの栽培ではビニールハウスで種まきし、苗を育てた上で田植えをしてきましたが、従来通りのやり方にこだわっていては到底、コスト半減はできません。

そこで播種、育苗などのコストを減らすために、田んぼに直接種をまく「直まき」に挑戦することにしました。そのほかにも細かい作業の削減を組み合わせ、計算上、従来のコストを4割削減する見込みを立てました。

コスト削減の大きな柱となった直まきを成功させるためには、田んぼの「均平度《きんぺいど》」を向上させることが不可欠でした。農家の人たちに話を聞くと、「田んぼは平らでないと困る」と言います。毎年の耕作でトラクターやコンバインなど農業機械が走行した田んぼは、荒れて平面度が低下しがちですが、表土の厚さにバラツキがある田んぼは水の管理が難しい。水没してしまった苗は育ちませんし、土が露出して雑草が生えやすくなった場所では苗の生育が悪くなります。

1つの田んぼの中で育つ場所、育たない場所が出るのは、均平度が大きく影響しています。均平度が向上すると苗は均一に生育し、品質や収量が安定します。つまり、コメの生産量は均平度の良否と大いに関係があるのです。

均平度を高めようにも、従来はハローなどの作業機で表面の土をならすぐらいしかやりようがなく、その精度はプラスマイナス50～60㎜程度にとどまっていました。そこで当社は、ＩＣＴブルドーザーを活用することにしました。コマツのＩＣＴブルドーザーは、自らの位置を認識しながら自動制御で高精度な整地作業を行うことができるため、均平度の精度をプラスマイナス15㎜まで改善できます。

科学的にデータを取り分析する

表土をならすだけでなく、三次元レーザーを使い整地後の均平度の精度を計測し、どれぐらいの精度だったら苗がどう育つかもデータを取りました。これまで、直まきをすると面積当たりの生産量が10～15％落ちるというのが定説だったそうですが、今回データを取ってみて、プラスマイナス15㎜のレベルにまで均平度を上げると、直まきをしても田植えよりも生産量が上がることがわかりました。

石川県の農業試験場には、20年前に行った直まきの研究プロジェクトの報告書があります。当時から、直まきをすれば作業負担が減り、コストが削減できることはわかっていたそうです。しかし生産量が落ちることがネックとなり、それ以上には深追いをしなかった。もう少し掘り下げて研究すればうまくいったはずですが、そこまでたどり着いていませんでした。

ものづくりは科学的にデータを取り、分析しなくてはうまくいきません。農業も、ものづくりです。農業にかかわるみなさんにもぜひデータを取り、分析することの重要性をご理解いただきたいと思います。

我々は、せっかくだから直まき以外にもブルドーザーを活用してみようと、トラクターを使わずに耕起、代かきなどの作業を行いました。ブルドーザーにアタッチメントを装着して活用することで、できる限り設備コストも削減しました。こうしたことでコメの生産コストの4割削減を実現しました。

コメの生産コスト削減プロジェクトは、実証実験2年目の2016年にもいろいろな田んぼでテストをしています。粘土質の田んぼ、砂地の田んぼなど様々な場所で試しましたが、いずれの場所でも結果は良好。2017年から本格的に普及させていこうという段階に入っています。

ベンチャー企業の設備でコスト削減

次にトマトの収量を増やすプロジェクトについてお話しします。

ある時、小松市のトマト栽培農家の人が私のところに相談に来ました。「儲からなくて困っている」と言います。詳しく聞いてみると30ａの畑でトマトを栽培し、年間収益は330万円ほどでした。

農業をやっている人からすれば、それほど悪くない数字かもしれません。しかしものづくり産業で上場企業に勤める会社員は、平均所得が５００万円といったところでしょうか。農家の人もこれぐらいの所得水準を目指すべきです。そこで年間収益４８０万円というのを１つの目標に掲げてプロジェクトに取り組みました。

ここでも科学的な農業を追求しました。トマトを育てるハウス内に環境センサーや照度センサーを設置。リアルタイムに温度、湿度、CO_2濃度、日照量などのデータを採取できるようにしたのです。スマートフォンなどからクラウド経由でこのデータを「見える化」し、遠隔から機器を制御できるようにもしました。

大手メーカーのセンサーは金額が高すぎるので、３分の１から半分ほどの値段で済むベンチャー企業のセンサーを使いました。農業の場合、このようにベンチャー企業の設備や機械をうまく利用するといいと私は思います。大企業は社内の管理にコストがかかる分、製品の値段が高い。規模の大きくない農家にとっては、コスト負担が重くなってしまいます。

ＩＣＴクラウドシステムを導入した後は、農家の人が栽培したトマトを持って「野路さん、ありがとうございました」とお礼を言いに来ました。「ハウスの中がどうなっているのかがわかるからものすごく安心です。おかげで夜、ゆっくり寝られるようになったし、外にも遊びに行けるようになりました」と言います。この言葉は本当に印象的でした。農業に携わる人たちは日々、それほどまでに自分が育てる作物を気にかけ、愛着を持って接しているのだということを強く感じました。

トマトの通年栽培に挑戦

ＩＣＴクラウドシステム導入によって、トマトの収量は10～15％ほど増えました。もっと収益を増やすため、石川県の農業試験場とも相談し、現在、トマトの収穫期間を延ばすプロジェクトを進めています。従来、石川県のトマトは年２作。５～７月、９～12月に収穫していますが、これを４～１月のほぼ通年収穫できるようにしようという試みです。

これまで収穫していなかった真夏や真冬にもトマトを収穫しようとすれば、ハウス内に空調をかけることが必要になります。ただし空調の燃料に灯油、重油などを使うのではコストがかさみ絶対にペイしません。そこで我々は、地下水の利用を考えました。

石川県は白山の伏流水が豊富にあります。実は既にコマツの粟津工場では地下水を利用しています。地下水というのは常時17℃。夏は冷たく冬は温かいので冷房、暖房にも利用できます。設備メーカーと一緒にいろいろと工夫しながら地下水冷房装置、暖気排気・循環装置を作り上げました。

トマトを栽培する際には気温が35℃を超えてはいけないといわれています。地下水冷房装置を設置して２０１６年にテストをしてみたところ、なんとか35℃以内に収めることができました。

温室内の様々なデータの測定・分析は金沢工業大学に声をかけ、学生の力を借りました。就職先となる可能性もある地元の大手企業との連携ですから、教授も「喜んでやります」と言ってくれました。

トマトプロジェクトの目標は、10ａの畑で25ｔのトマトを収穫することでした。しかし、現在のところは収量22ｔにとどまっています。冷たい地下水の活用で暑い夏でもトマトの生育環境は改善されましたが、長期間実を収穫し続けていることで、トマトの木にも夏バテというか、〝疲れ〟のようなものが出ているように感じました。

そこで、ビタミン剤のようなものをつくれないかと考え、食品メーカーとも新たに手を組んで商品をつくってもらっています。２０１７年以降、それらを取り入れ、さらなる収量アップに挑戦する予定です。

間伐材をバイオマスに活用

最後に紹介するのは林業の支援です。全国どこでも間伐材の処理が問題になっています。森の中に放置されたままの間伐材が大雨の際に川に流れ込み、二次災害を引き起こすという事態が起きています。

なんとか未利用間伐材を有効活用できないか。石川県を通して、かが森林組合から依頼を受けたコマツは、粟津工場にバイオマスボイラーシステムをつくりました。重油が１ℓ60円以上ならばメリットのあるシステムです。このシステムの熱利用効率は約70％。従来のバイオマス施設は20％ほどですから、３倍以上です。これぐらい効率の高いものにしないと重油には勝てません。

もうひとつ、バイオマス施設で重要なのは地産地消にすることです。バイオマスチップは１kg当たり10～15円ほど。ところがその輸送費は１km当たり10～20銭もかかります。５km離れたところに運んだら、それだけで１kg当たり約１円になってしまいます。

今は「固定価格買取制度（FIT）」で再生可能エネルギーに補助金が出ているため、コスト高でもある程度はやりくりできます。しかし、いずれ補助金がなくなった時にもバイオマスが競争力のあるエネルギーとして勝ち残ろうとするなら、地産地消型の小さいボイラーシステムをつくるしかありません。

第2弾として2017年、小松市が日帰り温浴施設向けにバイオマスボイラーシステムを導入します。今後、どんどんバイオマスを普及させていく考えです。

石川県の未利用間伐材は年間5万tほど発生しています。コマツだけで年間7000tを使っていますから、バイオマスボイラーシステムを普及させればあっという間に間伐材の問題は解決できます。

未利用間伐材のバイオマスへの利用は、地域活性化というメリットも生んでいます。コマツのバイオマスボイラーシステム導入に当たり、森林組合では新たに数人のスタッフを採用し、雇用創出につなげました。チップ輸送でも地元企業を活用しています。高性能チッパ（粉砕器）を開発したのも、地元にあるコマツの取引先企業です。

林業用の機械はこれまでドイツ製のものを使うことがほとんどでした。しかし、ドイツ製のチッパは7000万円以上もします。そこでコマツが支援し、森林組合と地元企業の連携でチッパの開発に取り組んでもらいました。結果、値段は2割ほど安価に抑えつつ、ドイツ製と同様に高性能なチッパをつくることができました。

日本の中小企業は、つくる力を十分持っています。他の機械も地元企業と一緒に開発していけば、林業の生産性はもっと高くなるはずです。

利益重視の農業経営へ転換を

農業、林業にかかわる人に伝えたいことをまとめます。

我々二次産業側から見ると、農林業の人たちは「1haでどれだけつくれるのか」という、収量への関心ばかりが大きいと感じます。本来、より関心を持つべきは「1kgの農作物をつくるのにどれだけコストがかかるか」「利益はどれぐらい出るか」です。1人当たり第二次産業就労者と同程度の、500万円程度の所得を得るために、どうやって販売量を増やすのか、単価を上げるのか、生産性を上げてコストを下げるのかということを追求していくことが必要です。

もう1つ伝えたいのは、技術革新は異業種から生まれるということです。自動車業界を見ても、クルマの自動運転は異業種のＩＣＴ業界がどんどん先手を打っています。農業、林業にかかわるみなさんも、内にこもるばかりではなく、オープンイノベーションを心がけ、多くの仲間、パートナーと手を組むことを心がけるのがよいと思います。

特に中小企業に関心を持ってほしい。失礼ながら農業の規模、マーケットは決して大きくはありません。おのずと農業市場にビジネスチャンスを見出すのは中小企業が中心となるはずです。農家の立場から考えても、新たな取り組みに挑戦する時には中小企業の持つ技術を活用し、安い管理費、人件費で低コスト化を実現するのが成功への近道です。地域の企業との上手な連携を目指してほしいと思います。

ディスカッション

日本の農業は伸びしろが大きい

モデレーター　日経ＢＰ社執行役員ビジネス局長　高柳正盛

高柳　大山さん、野路さんは経済同友会の会合などで顔を合わせることもあるお知り合いだそうですね。お２人で農業の話をすることもありますか。

大山　東日本大震災の後、同友会の方々が被災地支援で仙台に来てくださったことがあります。その時、みなさんに当社の新しい精米工場を見学していただいたんです。そうしたら、ちょうど野路さんも石川県の活性化のためにコメのコスト半減プロジェクトに挑戦しているという話をされて。業種は全く違うけれど、やっていること、考えていることは同じだと感じましたね。我々は東北の農業を支援したいと思っているし、野路さんは石川県の農業を支援したいと思っている。そして、ともにものづくりという異業種の立場から農業の世界を見て「おかしいな」と思うことを改善していこうとしている。そんな話で盛り上がり、共感しました。

野路　我々ものづくりの人間というのは、「いいことをやっている会社がある」と聞けば、すぐに飛んで行って実際に話を聞いたり現場を見たりするものです。同友会で精米工場を見せていただきコメづくりの話をした後には、私が大山さんに直接電話をかけ、「もう少し詳しいことを教えていただきたい」とお願いしました。再度、仙台を訪ねた際には農業法人をご紹介いただきました。今度、その農業法人は石川県のプロジェクトにもかかわっていただくことになっています。ご縁ですよね。みなさんもテレビや新聞で何か情報をつかんだら、すぐ行って自分の目で確かめてみるといいと思いますよ。

高柳　農業が重要な産業であるという認識は、国民誰もが共通して持っていることです。ただ、実際にその世界に斬り込んでいくのは容易なことではないのも事実でしょう。お2人はそもそもどういうきっかけで農業を始めたのか。あらためて教えていただだけますか？

野路　経済同友会や経団連などの経済団体では、以前から農業界の支援をしようじゃないかという話が持ち上がっていました。しかし、果たして我々が全くやったこともない農業を営めるのかと躊躇する思いもありました。あえてその農業に挑むことにしたのは、地元・石川県に何とか貢献したいと思ったから。いざ始めてみたらブルドーザーのビジネスなどにつながった面もありますが、スタート時点では完全に社会貢献の一環という気持ちでした。

大山　アイリスオーヤマがコメ事業に参入したのも、東北を活性化したいと考えたからです。東日本大震災後の東北が復興するにはコメづくりを外すわけにいかなかった。当社はこれまで消費者目線でビジネスを手掛け、新たなペット市場、ガーデニング市場を創造してきました。同じことをすればコメ市場も創造できるだろうと思いました。我々はコメをつくることはできませんが、つくったコメをいかに加工し流通にのせるかという点ではある意味プロです。プロの手を掛けることで、農業の世界も変革できると考えました。

高柳　では実際にその農業の世界にビジネスの視点を持ち込んだらどうなったのか？　これまで合理的に企業経営をされてきたお2人が農業の世界に挑んでみて、どんな実感を抱いているのかが興味深いのですが、いかがですか？

モデレーター高柳正盛

野路　農業の世界に触れてみて、失礼かもしれませんが農業や林業は規模が小さいとつくづく感じました。8兆～10兆円とせいぜいGDP（国内総生産）の1％程度です。コマツ1社でも連結売上高は約2兆円ですから、本当に規模は小さい。でも、その小さな規模の農業が使う土地の面積はものすごく大きいんですね。地方では特にそうです。広大な土地を農業や林業にかかわるみなさんが背負っているのですから大変なこと。とてつもなく影響が大きくなります。

規模が小さいのに影響が大きいビジネスをうまく回すために、先ほど言ったように地元の人たちと連携してものづくりを進めること、ブランド化して闘うことが大切だと感じています。

大山　田畑1ha、2haという規模ならば収益は100万円、200万円程度です。それに対し田植え機やトラクター、コンバインなどの農業機械には、おおよそ1000万円かかります。肥料も農薬も必要です。日本の農業は政府の補助金など様々な支援でなんとか保護しているのが現状です。

産業化するということは、極論をいえば規模を大きくすることです。製鉄などを見ても、巨大な高炉をつくり、生産規模を大きくすることで価格競争力のあるものをつくり出しています。農業を産業として成り立つ規模にするには20人、30人が1つにならないと。失礼だけれど、今の農家がやっていることは大規模家庭菜園に近いと感じます。

我々のシミュレーションでは50ha、100haの農業ならコストが2割下がるという結果が出ています。地域の農家が、どうやってそういう連携をしていくのかを議論しないといけないですよね。「おいしいコメをつくりたい」という思いを持つことも大事ですが、まず産業として基盤をつくり上げることが必要です。

今、農業の担い手は高齢になっています。多くの農家が後継ぎ不足に悩んでいます。人口が減少しますから、コメや野菜の消費も減ります。今のままでは日本の農業の明日は見えません。といっても、輸出だけでは日本の農業は再生できないと私は思います。もちろん輸出はないよりもあったほうがいい。輸出という目標を持つのはいいことです。けれど、日本の消費者に向いたものづくりと流通を考え、それを評価してもらうことがベースにあるべきです。コメ事業を手掛けてみて、あらためてそう思います。

オープンイノベーションが大事

野路　2人で話をしている中で、大山さんが「野路さん、6次産業化を目指すからといって、何もかも自分のところでやろうとするのは違うよね」という話をしたのはとても印象に残りました。

6次産業化というと、農業生産法人がつくるところから売るところまで全部自分でやるというイメージがあります。でも自分でなんでもできるというものではないんです。農商連携とか農工連携とか農産学連携とか、パートナーと手を組み、オープンイノベーションでやることが大切。我々もそうやっています。6次産業化を成功させるためにも連携こそが重要だと思っています。

大山　私は東北で、6次産業化推進行動会議のメンバーを務めさせていただいたこともあります。「1次産業＋2次産業＋3次産業＝6次産業」とか「1次産業×2次産業×3次産業＝6次産業」とか語呂合わせはすごくいい。生産者が加工、販売といったうま味の大きい部分を2次産業、3次産業の業者に取られてしまうのはいかがなものかという理屈もわかります。

ただ、ビジネスの世界は結局のところ競争です。競争に勝つには、ある程度の規模が必要。60歳、70歳と高齢な農家の人たちが主体になって缶詰をつくったり売り場をつくったりして果たして競争に勝つことができるのか。補助金が出る1年目はいいけれど、2年目、3年目となるとかえって重荷になりかねません。

そういう様子を実際に見聞きしたこともあり、6次産業のコンセプトはとてもいいけど、実際には規模の経済が必要だから、むしろ農商工連携していったほうがいいのではないかと思うようになりました。

高柳　少し個別にお聞きします。国内のコメの消費量が大きく減っている中でアイリスオーヤマがあえてコメ市場に参入したのは非常に挑戦的で面白いと思いましたが、売れ行きはいかがですか？

大山　おかげさまで一歩一歩進んでいます。毎年、着実に前年の5割増を達成しています。

高柳　今の売り上げ規模はどれぐらいですか？

大山　100億円程度です。我々は全国に流通ネットワークを持っているので、それを生かしてスーパー、小売店などに扱っていただいています。今ではコンビニエンスストアでも販売しています。実は、最初はなかなか店頭で売れなかったんです。

高柳　なぜ売れなかったのですか？

大山　消費者のみなさんがコメをkg単位でしか買おうとしないからです。みなさん「おいしいご飯を食べたい」という欲求はお持ちなのですが、実際に物を買う場面では1kg10円でも20円でも安いものを買おうとします。

売り場の棚で5kg、10kg入りのコメの隣に3合入りの小分けパックが並んだ時には、なかなか選んでいただけなかった。食文化というのはそういうもので、簡単には変えられないんですね。

けれど、一度食べていただけば「おいしい」ということがわかりますから、この先、売り上げが減ることはないと思います。１００億円から２００億円、３００億円へと広がっていくと考えています。

高柳　野路さんはものづくり産業の立場から農業に参入しましたが、新しいスタイルを確立できるという自信や手応えを感じていますか？

野路　今回、コメの生産コストを半分にする、トマトの収量を増やすといったプロジェクトに取り組んでみて、企画をしっかり立て、科学的にデータを取り、分析しながら進めることの重要性を確認できたと思います。実際、石川県ではコメの生産コストを4割下げるところまでこぎ着けました。もうすぐ半減も実現できるでしょう。そうすると、補助金なしでも十分ビジネスとして成り立ちます。

直まきにして育苗をする必要がなくなった分、ハウスを使ってフリージアという花を栽培することも試しています。フリージアは12月から2月まで売れるのでタイミングもちょうどいい。苗を育てるより花を育てたほうがずっと儲かります。

我々が計算したところでは、コメだけ一生懸命つくって利益を出すのは簡単ではありません。野菜や花と抱き合わせにして複合経営をしていくことが必要です。石川県と一緒に、農地が例えば10haあるなら8haでコメを、残りの2haでトマトや野菜を栽培するというスタイルを農家のみなさんに推奨しています。

高柳　農業は「なかなか儲からない」という印象が定着しています。けれどやり方次第では儲かる農業が実現できそうですね。

大規模化だけでなくブランド化も必要

野路　いろんなことを技術的に計算しながら経営をやっていかないと、利益が出ないとは思います。新聞などに出ているからと、安易に「大規模化しよう」「自動化が必要」というのは違うと思う。例えば、トラクターを無人化しても楽にはなるけれど人手は減りません。走行しているところを見守る人が必要ですから。

大山　そういう意味では、ブランド化が農業ビジネスを活性化する重要なポイントだと思います。うまくいった例が魚沼産のコメ。他の産地の2倍の値段でも、ファンがついて買ってくださっています。山形のサクランボもそう。20年前、米国からサクランボが輸入されることになって、「山形のサクランボ農家は全滅する」といわれました。今、山形に行ってみてください。御殿だらけですよ。安心で安全でおいしい山形のサクランボが認められ、ブランド化したからです。日本の農業は日本人が認める味をつくるべきです。

野路　ブランドということでいえば金沢の近郊農業もすごい。人口は増えているし加賀料理、加賀野菜がブランドになってどんどん売れています。金沢近郊の野菜栽培農家さんはたくさん儲けて高級車に乗っているような人も見かけます。

大山　ブランド化ではインターネットの活用がカギですね。コメや野菜を「誰がどうつくった」という情報を発信できますから。生産者はこだわりのあるおいしいものさえつくっていけば、おいしい食材のニーズを持つ消費者と結びつくことができます。こういう方向に進めば、日本の農業は大きくはならなくても元気になるでしょう。

生産現場をオープン化することも重要でしょう。見学ツアーに行けるようなかたちで。消費者と生産者が一緒になって日本の農業をつくりあげていくという文化が必要なのではないかと思います。

高柳　ＴＰＰからの撤退を決めたトランプ政権は、日本の農業界にも大きな影響を及ぼしそうです。そういう環境下ではありますが、日本の農業ビジネスの将来性、可能性をどのように感じていますか？

野路　新政権の発足でいろいろな変化が起きることは間違いないでしょう。ただ、我々の会社は「自分たちが変革を起こす」という経営方針です。今の時代、外圧を受けて対策を取るとか、何かの変化に合わせて対応するなんていうのでは間に合いません。自分から変革を起こし、引っ張っていけば、政府の政策や周囲の環境に影響されることはありません。

コマツは、石川県で農業法人が参加する大会を後援しています。参加者の7割は若い人です。こういう若い人が元気に向き合える農業に変革するためには、イノベーションを起こさなくてはいけません。従来型の発想でものづくりをやっていても、若い人からしたら面白くない、魅力がないということになってしまうでしょう。

農業も林業もまだいくらでもイノベーションを起こすことができると思います。今日はコマツの取り組みのごく一部しか紹介しませんでしたが、実は我々は20も30も農業関係のプロジェクトを進行しています。そのプロジェクトを担当しているのは2人の部下。地域のいろいろな立場の人に相談し、連携し、自ら変革を起こす心構えを持ってやれば、２人だけでも十分できます。

高柳　たった２人で既に多くの成果を出しているとは頼もしいですね。

野路　実は２人とも定年を過ぎています。64歳と65歳。ものすごく元気がいいですよ。地元の新聞などで「コマツがこういうことをやった」「こんな成果を出した」と紹介され、評判になって講演会にも呼ばれています。そうすると、奥さんが婦人会なんかで「あなたの旦那さんすごいわね」と言われる。家族にも評価されて、ますます張り切ってプロジェクトに臨むわけです（笑）。

地域のコミュニティーでやるからこそ生まれる好循環だと思います。地域の企業や大学は、異業種ならではの様々な技術やアイデアを持っています。そういう外部の力をぜひ活用していくことが大切です。ぜひ元気な若い人たちにも、どんどん農業の世界に入ってきてほしいですね。これからもっともっと面白くなる業界だと思います。

大山　私は日本の農業が活性化するには消費者の意識変革も不可欠だと思っていま

す。東日本大震災後、地元のスーパーなどは被災地復興のため、地元でとれた魚を積極的に売り場に並べました。しかし消費者のみなさんは、地元でとれた魚よりも輸入の安い魚を好んで買いました。売り場に並べたもののあまり売れないとなれば、流通側も商品政策を見直さなくてはなりません。1カ月、2カ月ほどは我慢するかもしれませんが3カ月、半年と状況が変わらなければ、地元の商品をやめて輸入品を並べるようになるでしょう。

海外では違います。外国産のワインではなく自国産のワインを飲むなど、本当の意味で地産地消が根付いています。

日本では建前はいろいろ言うけれど、スーパーに行った瞬間、奥さま方の目は安い商品に向けられてしまいます。なにも「高いものを買え」と言っているわけではありません。けれど多少高くついても、地元でとれたもの、地元でつくったものを食べたほうが絶対においしいんです。「地元のおいしいものを食べる」という文化を理解し、受け入れない限り、農業も変わらないと思います。これは時間がかかります。一歩一歩進むしかないですね。

高柳　大山さん、野路さんとも農業改革を牽引していく大変強力なリーダーです。ただ、真の改革を実現するためには農業に関係する一人ひとりが「自分たちが変革する」「イノベーションを起こす」という気概を持ち、志を同じくする人たちとタッグを組んで挑戦し続けていくことが重要だとあらためて実感しました。

第五章

流通構造改革【PART2】

日本の農業を活性化するためには、コストを下げると同時に、付加価値をつけて農産物を販売することが不可欠だ。農業商社のJA全農や農業資材の研究開発を行うシンジェンタジャパン、農業生産法人のグリンリーフ、ネット販売のオイシックスが様々な事例を紹介した。成功している事例では、農業法人同士がネットワークをつくったり、農機メーカーと農家が連携したりしている。生産者や農産物の「物語」を伝えることで、農産物の付加価値を高めることもできるはずだ。

「農家の手取り最大化」に挑戦

全国農業協同組合連合会（ＪＡ全農）営農販売企画部部長　久保省三氏

全国農業協同組合連合会は肥料、農薬などの資材を農家に販売する仕事と、農家がつくった作物を販売する仕事を手掛けています。私が所属する営農販売企画部は、生産資材事業と販売事業をつなげるため、７年前にできた部署です。今日は、全農が進める「農家手取り最大化の取り組み」について、営農販売企画部の立場から説明します。

ＪＡグループは「魅力増す農業・農村」をスローガンに活動を進めています。具体的には、生産資材事業に関して「製造・流通コストを下げる」「低価格商品を増やす」「共同利用を増やす」ことを、販売事業関連に関しては「消費者までの距離を縮める」「需要創生」「生産者の努力を反映する」ことを実現し、農家の手取りを増やそうと取り組んでいます。

生産資材事業で代表的な取り組みが、肥料や農薬の製造・流通コストの削減です。

主要肥料メーカーの銘柄当たり生産量を見ると、日本のメーカーは５００ｔ程度です。一方、韓国のメーカーは1万７０００ｔですから大きな差があります。今、我々は銘柄を集約し、製造ロットを拡大することで製造コストを引き下げ、さらに生産した肥料を生産者・法人などに直送することで、流通コストも引き下げようとしています。

農薬は大型規格化を進めています。これまでの農薬の規格は1kg入りの「10ａ規格」が中心でした。最近は大規模生産者も増え、栽培面積も拡大していることから、より割安な10kg入りの「1ha規格」、さらには50kg入りの「5ha規格」をつくりました。全農の中で大型規格の農薬が占める比率は年々伸び、今は全体の14％に達しています。この大型規格の農薬は農家に直送し、流通コストを削減しようとしています。

水稲で手取りを増やすには、生産費全体の25％以上を占める労働コストを削減することが不可欠です。水稲農家の作業の中で一番時間がかかるのは、育苗から田植えまでの作業です。ここをなるべく省力化しようとしています。

水稲の労働コストを減らす「鉄コーティング直まき」

有力な方法と注目しているのが、鉄コーティング種子の直まき栽培です。種もみを鉄粉などでコーティングし、田んぼに直接まくという手法です。こうすると苗立ちがよくなり、鳥の害も受けにくくなります。また、鉄コーティングの種は保存が可能です。農作業が集中する春ではなく、前年の秋につくって保管しておくことができます。苗の購入が必要なくなるため資材費が下げられ、かつ春の作業にかかる労働時間を半分に減らすことができます。

露地栽培では、作物の根の近くに水分を安定的に供給する「点滴灌水」を農家に提案し、導入を進めています。露地の作物は水のストレスを受け、収穫量が十分に上がらないという事態がしばしば起きます。その点、点滴灌水の装置を導入すると、コストはかかりますが、明らかに作物の生育がよくなり収穫量が増えます。その結果、粗

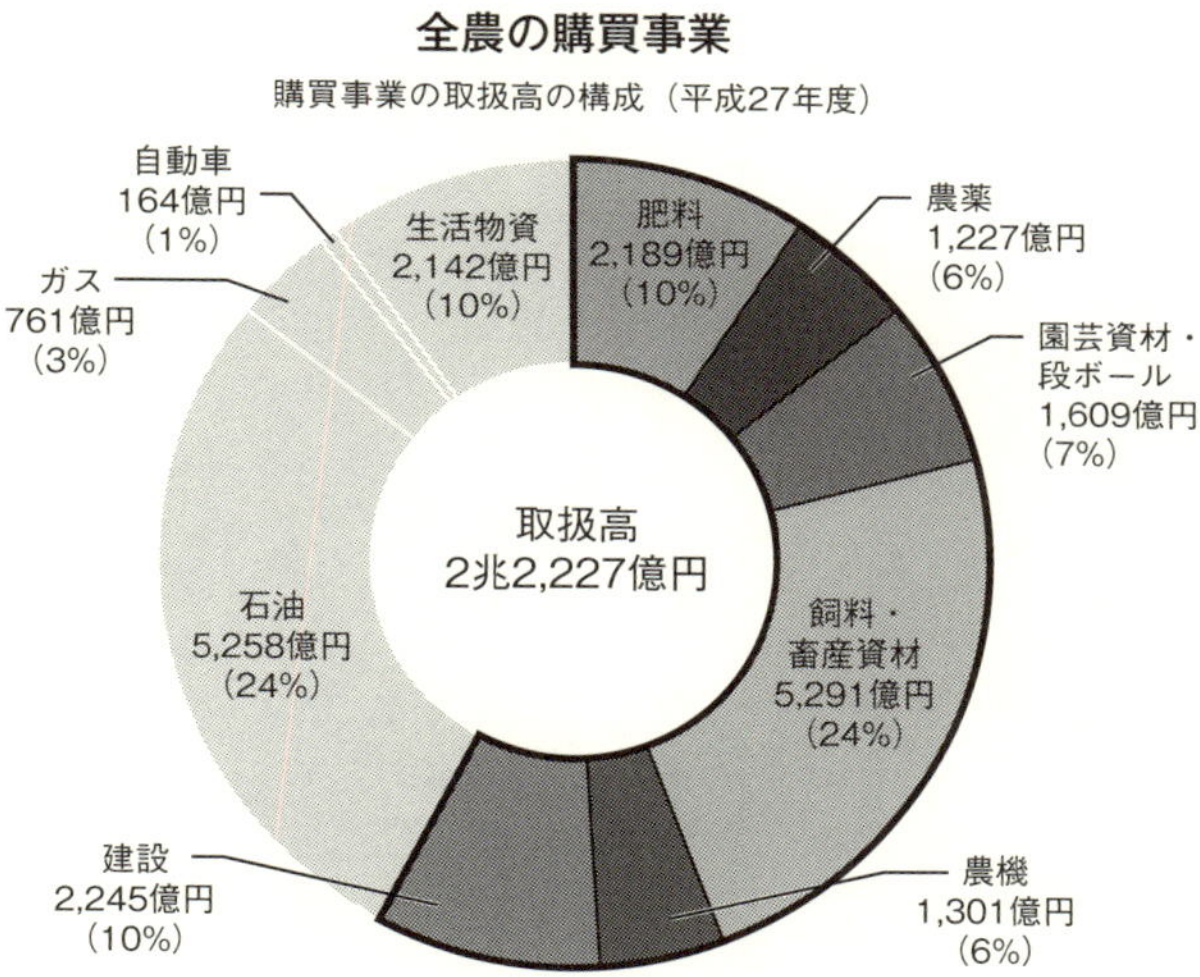

	シェア（注）	備　考
肥料	約５割	肥料メーカーから肥料（製品）を調達して農協に供給するほか、海外から肥料原料を輸入して肥料メーカーに供給
農薬	約４割	
飼料	約３割	海外に持つ子会社などから飼料原料を調達するほか、子会社（地域別飼料メーカー）で飼料を製造し、農協に供給

出典：「全農リポート2015」、「全農リポート2016」および「生産資材価格の引下げに向けて」（平成28年９月農林水産省）を基に作成
注：シェアの「飼料」は平成27年度の値。「肥料」および「農薬」は「全農リポート2015」から、「農機」は「生産資材価格の引下げに向けて」からの引用

利益、農業所得も上がります。

施設栽培では様々な技術を複合した「ゆめファーム全農」という仕組みを構築しています。施設栽培は、環境制御システムを導入したもの、ロックウールで養液栽培するものなど様々な方式がありますが、いずれも初期投資がかさむのがネックです。思い切って初期投資をしたものの、減価償却費が重く、経営的に苦しくなってしまった事例もたくさんあります。

ゆめファーム全農は初期費用が比較的少ない土耕タイプです。高軒高にして上部の空間を確保したり、散乱光タイプのフッ素フィルムを使用したり、ＩＣＴクラウドシステムや環境制御装置を導入したりと様々な技術、資材を組み合わせることで、安定した収穫量の確保を目指します。実証実験で良好な結果が出たことから２０１７年以降、農家に提案し、トマトなどの生産を始めようとしています。

水田をフルに活用する取り組みも進めています。排水・給水機能を持ち、最適な地下水位に制御できる「ＦＯＥＡＳ（フォアス）」という装置が開発されています。フォアスを導入することで安定して野菜を栽培することができます。

水田で育てた野菜は過湿が原因で根が弱り、十分な量の収穫ができなくなりがちです。しかし、フォアスを設置した水田では大豆、タマネギ、キャベツと2年3作の輪作が可能になりました。土地生産性の向上が図れる装置として農家に勧めています。

そのほか、安価な輸入肥料を取り入れたり、機能を絞った低価格モデルの農機をつくったりすることも必要と考えています。農機については所有するのではなく、共同利用することも重要です。水稲の場合、農機を中心とする減価償却費はコスト全体の20％に達します。何軒かの農家が集まりシェアリングすれば、そのコストを下げることが可能です。

２０１６年10月には日本農業法人協会、全国農協青年組織協議会、４Ｈクラブと「生産資材費低減に向けた資材事業研究会」を設置しました。農家のみなさんの意見を直接聞きながら生産資材費低減を検討しています。このように全農は幅広い取り組みによって農業のコスト低減を実現しようと動いているところです。

農薬・種苗のイノベーションで日本農業を強化

シンジェンタジャパン代表取締役社長　篠原聡明氏

シンジェンタはスイスに本社を置く多国籍企業です。「植物のちからを暮らしのなかに」という理念を掲げ、世界90カ国以上でアグリビジネスを展開しています。主な事業分野は農薬、種苗、バイオテクノロジーです。現在、農薬事業は世界シェアトップ、種苗は第3位を占めています。

私たちは世界的な農業資材の研究開発企業という立場から、日本の農業を強くするには何をすべきか、またどのような貢献ができるのかを考えて事業活動を行ってきました。本日はその中から幾つかの事例をご紹介します。

日本の農業を強くするには生産者の手取りを増加させることに尽きると私たちは考えています。生産者の手取りとは農産物の販売価格に収穫量を掛け、トータルコストを引いたものです。手取りが増加するためには販売価格を上げるか、収穫量を増やすか、あるいはトータルコストを下げることが必要です。

農薬や種苗の研究開発を行っている私たちは、まず収穫量の安定・増加という切り口で、貢献したいと考えています。例えば２０１６年に市場でタマネギの需給が逼迫しました。原因は大きな産地である佐賀県、淡路島で「べと病」が大発生し、収穫量が激減したことです。

農薬は作物の病気の治療や予防の機能を持っています。そうした機能を十分に利用することにより、収穫量を安定・増加させたいと考えています。

また単位面積当たりの収穫量を増やすような、新しい特性を持つ野菜やコメなどの作物の品種開発も進めています。

生産者の作物の価値を高め、販売価格を高くすることでも貢献したいと考えています。Aという生産者のつくったリンゴがBという生産者のつくったリンゴよりきれいでおいしければAのリンゴは人気が出て値崩れしにくくなります。

また今までにない新しい付加価値の高い品種を導入すれば販売価格の上昇が期待できます。

例えばニンジンに含まれるカロテンの量を増やし、より健康にいいという付加価値をつければ、従来100円だったものを110円で売れるかもしれません。こうした差別化が可能な作物を作るためにも農薬や種苗の技術を役立てていきたいと考えています。

トータルコストの削減に関しては、従来、私たちは生産資材のコストを1円でも安くしようという発想で動いていました、しかし今では、農薬1品1品のコストを下げることが果たしてトータルコストを下げることにつながるのかをよく見極めるべきだと思うようになりました。

野菜の生産費の内訳を見てみると、農薬にかかるコストは7~8%。多くても10%です。病害や害虫が大発生すれば増えるかもしれませんが、おそらく1割以上にはならないでしょう。ところが人件費は全体の50%にも達しています。農薬や種苗にイノベーションを起こし、人件費削減につながるような製品を開発することこそが重要です。

バレイショの新技術と袋詰め効率をアップさせるリーフレタスの開発

実際にシンジェンタの技術で農家の手取りアップにつながった事例をご紹介します。

1つ目は北海道のバレイショ向けに導入した技術です。北海道の生産者の間では、ポテトチップの材料となるバレイショに黒いあざのようなものが発生する「黒あざ病」という病害が悩みの種となっていました。ポテトチップにすると茶色く変色してしまうため、黒あざが多いバレイショは規格外品として扱われます。「黒あざ病」は主に罹病した種イモ、土壌中のリゾクトニア菌によって引き起こされる病害です。防除するためには畑全体を消毒しなくてはなりませんが、環境負荷が高くなるため現実的ではありません。

シンジェンタは英国で植付時に種イモ周辺の土壌に農薬を噴霧することで殺菌消毒し、土壌由来の「黒あざ病」を解決した例があることを突き止めました。さっそくこの技術を導入するために農機メーカーとコラボレーションし、日本のバレイショ栽培の規模に合う散布装置を開発しました。北海道のバレイショ生産者がこの技術を使用したところ、高品質なバレイショを多く収穫できるようになりました。機械や農薬には新たな投資が必要でしたが、規格内収穫が増え、販売価格が高くなったため、結果的に生産者の手取りは増加しました。

新品種の導入により手取りを増やすことも実現しています。シンジェンタが開発したミニトマトの新品種「アンジェレ」は甘みと酸味のバランスがよく、サクッとした食感が特徴です。円錐形でつまみやすいため、スナック感覚で食べられる〝スナックトマト〟という新しいジャンルで市場を開拓しています。

サラダ用のリーフレタス「スマシャキ」は生産性向上を狙った新品種です。葉の下方が尖った形状になっているため、袋詰めしやすく生産者の労力軽減と効率アップを可能にしています。

今後も引き続き農薬、種苗のイノベーションを通じて、さらに生産者の手取り収入が増加するための活動を進めてまいります。

商品の付加価値を増し競争力を向上

オイシックス代表取締役社長　高島宏平氏

オイシックスは有機栽培や特別栽培の野菜、無添加加工食品などのインターネット宅配をする会社です。提携農家は全国に約1000軒。お客様は小さなお子様を持ち、安全性などに関心が高いお母様が中心です。

子供たちは味にとても敏感です。「スーパーで売っているニンジンは食べなかったけど、オイシックスのニンジンは食べました」といった声もよく届きます。常にお客様の厳しい目にさらされながらビジネスを営んでいると気を引き締めています。

現在の売上高は約200億円。香港などへの輸出にも乗り出し、売上高・利益とも少しずつ伸ばしているところです。

オイシックスはインターネットという媒体を使っていることもあり、商品の〝物語〟を伝えながら売っているのが特徴です。「さつまいも生産者の飯尾さん」「トマト生産者の伊原さん」「レモン生産者の中田さん」「小松菜生産者の篠崎さん」など人気

の生産者がいます。特定の生産者のファンになったお客様は「小松菜がほしい」ではなく、「篠崎さんの小松菜がほしい」と指名買いします。生産者の方々は大変な競争力を持っています。

「トロなす」に「ピーチかぶ」、独自のネーミングでヒット

もうひとつ、オイシックスの特徴として挙げられるのがユニークなネーミングです。「トロなす」とか「ピーチかぶ」「かぼっコリー」「生キャラメルいも」など独自の名前を付けて販売しています。

トロなすは、もともと白ナスと呼ばれているもの。緑色の丸っこいナスです。当初は白ナスとして売っていたのですが、見た目は特に白くないこともあり、正直、全く売れませんでした。緑色だからと「緑ナス」として売ってみたのですが、それでもやはり売れない。そこでとろけるような食感を伝えようと「トロなす」という名前を付

けたところ人気商品となりました。

ピーチかぶは別の品種名があるのですが、直接的に甘みがあることを伝えようとピーチかぶという商品名にしたところ、大ヒット商品となりました。

これらは生産者の方たちがつくる素晴らしい食材を流通側が工夫して販売するというコラボレーションがうまくいった事例といえると思います。名前だけでなく売り方、レシピ提案なども試行錯誤をし、付加価値を増すように努めています。

こうして付加価値を増した商品は非常に競争力が高くなります。ピーチかぶは常に品切れを起こしているほど。お客様はカブがほしいのではなくピーチかぶがほしいと考えます。ふつうのカブと価格を比較することはないので、生産者は価格決定力を持つことができます。流通側にとっても確実に利益がとれるありがたい商品。「ウィン・ウィン」の関係ができあがります。

私たちが農業界に向けて仕掛けている取り組みの事例をご紹介します。1つは「N－1サミット」。N－1サミットのイベントの中で農家（ノーカー）・オブ・ザイヤーというアワードも開催しています。一番おいしい食材をつくった生産者を「若手部門」や「伝統野菜部門」などに分けて年に1回表彰しています。

「農水大臣賞」や「知事賞」を設けて偉い人たちに選んでもらうのではなく、消費者の「おいしい」という声を評価基準に表彰しているのが特徴。「おいしいとはどういうことか」と要件定義できるのは大きなメリットです。

生産者の方たちはよく「うちのトマトが一番おいしい」と言います。しかし実際には隣の農家がつくるトマトすら食べたことがありません。「どうして自分のところが一番だと思うのか」と尋ねると、「だってものすごく頑張っているから」という答えです。これではいつまでたっても進歩がありません。

N－1では、懇親会の場で受賞者の商品を生産者に召し上がっていただきます。消費者はどういう味を求めているのか。どういう味を喜ぶのか。ゴールを共有すると、生産者が向かうべき方向が明確になります。

私たちは農業のことはわからないので栽培指導はできません。しかし、こういう取り組みを通してどういう味が消費者に喜ばれるかを伝えることはできます。参加する生産者の多くは、「来年は絶対自分が優勝するぞ」と言ってくださいます。「おいしいものをつくる」ことへのモチベーションを高める絶好の機会になっています。実際、N－1を始めてから、おいしいものをつくろうと努力する生産者がどんどん増えていると感じます。結果的に生産者の競争力向上につながる仕掛けとして、大いに意味があると思っています。

もう1つ、私たちが仕掛けているイベントが年に1回、六本木ヒルズで開く「東京ハーヴェスト」。日本の食文化を支える生産者への感謝の気持ちを再発見する収穫祭です。東京はミシュランの星が世界でも一番多い都市ですが、その評価を支える生産者が脚光を浴びることはあまりありません。1年に1回でも、生産者に尊敬と感謝の気持ちをもってもらうことが狙いです。生産者と消費者が直接触れ合う機会をつくることで、生産者のモチベーションアップも図ります。

こうした取り組みも農業の競争力向上につながると考え、地道に続けていきたいと思っています。

利益の源泉は農業生産にこそある

グリンリーフ代表取締役社長　澤浦彰治氏

私は別のセッションで既に一度この場に上がらせてもらったので、会社の紹介は割愛し、ここでは流通構造改革というテーマで感じていることをいくつかお話しします。

グリンリーフは生産、加工、販売を手掛ける農業生産法人です。有機こんにゃく、有機ホウレンソウを育て、それを自社工場で板こんにゃく、しらたき、冷凍野菜、漬物などに加工して販売しています。

２０１６年は9月から10月まで、長雨の影響で収穫できる野菜が激減しました。カット野菜メーカーの方からも、２０１６年は原料調達が非常に大変だったという話を聞いています。２０１６年に限らず、ここ数年、漬物の原料となる野菜の調達などが不安定になってしまった時期があります。こうした経験を通してあらためて思うのは、加工にしろ販売にしろ、利益の源泉、利益の根源はやはり農業生産にこそあるということです。

私たちの会社は今まで、農産物に付加価値をつけようと自ら加工をしたり、販売をしたりしてきました。しかし、こうした状況を受けて２０１６年には大きく方針を変えました。原点に戻り、農業生産に最大の力を注ぐことにしたのです。生産がしっかりできればその後、加工メーカーも流通も安心して仕事ができます。それを食べるお客様も安定した生活を送れます。

すべての食は農業生産が基本です。そしてその農業生産の根底にあるのが土づくり。土と食の間には必ず、農業生産が介在しています。ここをしっかりしないと何をやってもその後がうまくいかない。農業生産は究極的には人材育成に行き着くと考えて活動をしています。

消費者への「エデュケーション」も大事

今、世界中で気候変動が激しく、異常気象が起きやすくなっています。そういう中で我々生産者は、いかに作物の供給を標準化するかが大きな課題となっています。

私たちは今まで地域分散、保管、加工など様々な工夫をして安定化を図ってきました。しかし、やはりそれだけではうまくいきません。最近は流通の方々、また消費者の方々の理解がとても大事であると思うようになってきました。

米国の農業やスーパーマーケットを視察した際、現地の方々が「エデュケーション」という言葉をよく使っていたのが印象的でした。エデュケーションとは、消費者に対して現場の状況を伝え理解してもらうこと。つまり文字通り消費者を教育していくということです。日本ではこのエデュケーションが不十分だという話をよく聞きます。

生産者が消費者のニーズを受け止め、それを商品に反映させていくことはもちろん大切です。でもそれで終わってしまってはいけない。生産現場の現状を、本当に伝えるべきことをしっかり伝えていかなくてはならないのだと思います。

もう1つ、農業現場の生産性を向上させて安定化させるために絶対不可欠なのが、農地を集約化し改良していくことです。耕作放棄地が増えているのはなぜかといえば、農地の生産性が低いから。農地造成は喫緊の課題だと思います。こういう話をすると、「また農業土木に予算を使うのか」「ハードにばかりお金を使ってもムダだ」と反発する人がいます。私からすればとんでもないことです。

今、東京に住んでいる方は夏でも当たり前のようにホウレンソウを手軽な値段で買えるはずです。それはかつて関税貿易一般協定のウルグアイ・ラウンドが進んだ時、その対策として予算を組み、群馬県昭和村の農地を造成したから。これによって首都圏向けの夏場のホウレンソウ生産量が大きく拡大しました。環境整備は必ず結果に結びつきます。農地造成はこれからの緊急の課題だと思います。

カット野菜についても思うところがあります。カット野菜は加工品だという認識があり、値段が一定であるべきだというのが業界の常識になっています。しかし、実際には生鮮と同じ種類の商品。長雨などで不作の時には価格を上げざるを得ない時もあります。そういう認識を流通側、消費者側と共有することが必要です。

今後は安定化基金を充実させ、変動性のあるものをリスクヘッジしていくことも大切だと思います。

農業の生産性を向上させるためには生産、流通、消費が一気通貫で理念を共有し、その理念に沿って仕組みをつくることが重要です。農業の問題は、生産現場だけでは解決できません。もちろん流通だけでも解決できません。かかわる人すべてが同じ思いで仕組みづくりに参加することが必要です。農業現場で仕事をしている毎日の中で、そんなことを感じています。

ディスカッション

農業のコスト競争力をいかに高めるか

モデレーター　日本経済新聞社編集委員　吉田忠則

吉田　このパネルディスカッションのテーマは「農業のコスト競争力向上」です。コスト競争力と言いましたが、農業の競争力をいかに向上させるかという広い視点でとらえたいと思います。競争力を構成する要素は大きく分けて2つ。1つは生産者が育てた農産物を有利に販売することであり、もう1つは農薬、肥料、農業機械などを有利に調達することです。これらの要素によっていかに生産現場に活力を与え、ひいては日本の農業全体を元気にできるかをみなさんと考えていきたいと思います。

まず久保さん、先ほど日本は韓国に比べて肥料の銘柄が非常に多いというお話をいただきました。なぜ、そんなに増えてしまったのですか？

モデレーター吉田忠則

久保　日本にはおそらく2万銘柄以上の肥料があります。私どもが扱っているものだけでも1万銘柄ぐらいに達しています。原因は2つあります。

1つは1980年代以降、施肥改善をしてきたことです。一時期、作物をたくさん収穫したいと肥料をやり過ぎ、土の中に肥料の養分が増えすぎたことがあります。そこで過剰施肥から脱して環境に配慮した農業を行うよう、土壌診断を行ってムダな肥料は使わないようにする「施肥改善運動」の取り組みが進みました。田んぼや畑によって土の性質や肥沃度は違います。それぞれの土地に合う肥料を提供しようとした結果、自然と銘柄が増えてしまった。そういう歴史的な経緯があります。

もう1つは施肥基準の存在です。日本では作物の種類、土壌などによって都道府県が標準的な施肥量などの指導上の基準を示す「施肥基準」が設定されています。水稲、野菜、果樹などすべて含めた施肥基準は7000種類ぐらいに上ります。その施肥基準に基づいて肥料を開発したため、銘柄が増える結果となりました。

ただ、通常の化成肥料であれば、成分が1～2％変わってもさほど大きな影響はありません。ですから、これからはある程度、集約した銘柄の肥料を使い、堆肥などで足りない養分を補うという土づくりをしていく必要があると思います。

吉田　澤浦さんにお聞きします。澤浦さんが農業を営む群馬県昭和村は全国的に見て農業資材の価格が低いといわれる地域だそうですね。なぜそれが実現できたのでしょうか？

澤浦　手前味噌なようですが農家側の努力があったからだと思います。農家の規模が大きくなれば肥料や農薬を使う量が増えます。その際、軽トラックで何度も納品してもらうのではなく、２t車、４t車で一気に納品してもらう。そして当たり前のことではありますが、支払いをきちんと行う。こうすると納品する業者にとってもメリットがあるので「あそこに売りたい」とよい条件を提示してくれるようになります。結果的にコストが下がるのです。

昭和村生まれの農業機械もたくさんあります。レタスの植え付け機、こんにゃくの植え付け機などがそうです。農家が農業機械メーカーに対して「こういう機械がほしい」「こういう機械をつくれないか」と持ちかけ、一緒に話し合い、実際に完成したら購入する。ある程度、量をさばくことができるので農業機械メーカーもコストダウンができる。そんな循環になっています。

吉田　ズバリお聞きしますが、資材に関しては農協から調達するのが有利なのですか？　それともそれ以外のところから調達したほうが得ですか？

澤浦　ケースバイケースですね。私たちが使っているものでいうと、「マルチ」という被覆材を買う時にはＪＡ利根沼田が一番安いです。農薬もＪＡが安い。肥料はちょっと違うかな。業者によって強いもの、弱いものがありますので、それを見極めることも必要だと思います。

吉田　先ほどみなさんのお話の中でも出てきましたが、２０１６年は夏から秋にかけて長雨、台風などの影響で作物を十分に収穫できず、野菜の価格が高騰しました。スーパーマーケットでレタスが驚くような値段で売られているのを目にした方も多いと思います。農業関係者も非常に苦労していましたが、みなさんはこうした状況にどのように対応したのでしょうか。まずは流通側の高島さん、いかがですか？

サイトの中の掲載位置で需要を調整

高島　売るものが十分にないという状況は、流通にとってもつらいことです。ただし流通業者、特に私たちのようなインターネット通販を手掛ける事業者は需要を多少調整することができます。具体的にはサイトのどの位置に商品を掲載するとどれぐらい売れるかというデータを持っていますので、豊作のものはよく売れる位置に掲載し、不作のものは少しずらすという方法で需要の調整をします。

お客様によって売れる位置に掲載するものを変えることもします。オイシックスで定期的に購入するお客様は12万人いるのですが、6万人にはピーマンをメインに売り、3万人にはトマトを、残りの3万人にはナスをメインに売るといった具合です。顧客満足度を下げないように工夫しながら、供給に合わせてうまく需要をつくる。十分に収穫できないものをみんながほしがるということがないような売り方を心がけました。このように流通と産地が連携し、情報をやりとりすることで、なんとか凌ぐことができる局面もあるのではないかと思います。

吉田　農家の営農を指導する立場の久保さんはどのように考えていますか？

久保　基本的に自然災害が起きてとれる作物が少なくなってしまった時には、ほかの産地で調整するしかありません。気象の影響などで、ものが十分にとれない時にどうするのかという話もさることながら、その手前の段階で、様々な環境変化が起きた場合にも安定的にとれる基盤をどうつくっておくかが大事ではないかと思います。

以前、大雨による災害が起きたことがあります。その地域のキャベツ農家の中で、先ほどお話しした排水・給水機能を持つフォアスという装置を入れているところがありました。周辺の畑の作物は全滅し、全く収穫できない状態に陥ってしまいましたが、フォアスを入れている畑では排水機能が有効に働いて翌日には水が引き、ふつうにキャベツを収穫することができました。気候の変動でこれから自然災害はさらに増えることが予想されますが、農家のみなさんには引き続きそれに対応する基盤を整備しておくことを提案していきたいと思います。

異常気象には総合的な取り組みが必要

吉田　澤浦さんは地域の有機農業者グループと「野菜くらぶ」を立ち上げ、野菜を販売するビジネスも手掛けていらっしゃいます。収穫不良の際にはどのように対処しましたか。

澤浦　お客様に納品ができず大変ご迷惑をおかけしました。その間は生産者も売り上げゼロ。約2カ月間で1億円も売り上げが落ちてしまいました。こういう事態に直面し、短期的、中期的、長期的に問題を解決しようと対応を考えました。

短期的には、とにかく社長である私自身が、販売してくださっている方たちの元に出向いてお詫びをするしかないと覚悟を決めました。天候には勝てません。現場の状況を理解してもらうことに努めました。中期的な対応としては生産を分散する取り組みを始めました。詳しくはお話しできないのですが、今、私たちの野菜を使っていただいている方と一緒に安定的に作物を供給できる仕組みをつくろうとしています。長期的には先ほどもお話ししたように、農地造成などで生産基盤を整える。安定的に生産できる農場づくりを進めていくことが必要だと考えています。

吉田　篠原さんに教えていただきたいのですが、天候の不安定さが増している現状に対し、農薬や種苗などのイノベーションで対応できる可能性はあるのでしょうか。

篠原　異常気象は日本だけで起きていることではありません。むしろ、日本はまだいいほう。インドなど途上国では雨が全く降らず、作付けもできなくて食料が逼迫するという事態も起きています。日本も決して他人事ではありません。

万一、こうした事態が起きた時にはどのように対応すればいいのか。私は総合的に考えるべきだと思います。農薬、種苗のイノベーションが効果を発揮する面ももちろんありますが、そこに先ほど久保さんや浦澤さんがおっしゃった、生産基盤の充実や安定して供給できる仕組みづくりも統合していくことが重要です。

吉田　画期的な技術や方法だけに頼るのではムリがあると？

篠原　もちろん、画期的な特効薬が出て問題を解決する場面もあるでしょう。しかしそういう農薬の開発というのは10年の時間、100億円以上の投資が必要なものです。常に特効薬が出てくることを期待するのは現実的ではありません。今ある製品を長く効果的に使うため、いつ、どうやって使うかを適切に営農指導するという基本的な活動が重要性を増します。

２０１６年には作物の病害も問題になりました。総合的な対応が必要となるのは、病害に向き合う場合も同じです。

日本の農業は北海道から沖縄まで多種多様な気候と環境があります。黒か白かと、すべてを1つの方法で統一することはできません。地域に密着した技術を開発し、そのイノベーションを根付かせるというのは、時にその他の業種も含めた連携やネットワークがあってこそ実現できるものだと思います。農業種苗の研究開発メーカーである私たちも、そういう観点でできることを検討しているところです。

生産・供給を安定させる連携が競争力向上につながる

吉田　異常気象や病害に直面した生産現場は疲弊し、対応するためにコストも高騰します。つまり、農作物のコスト問題というのは必ずしも農薬や肥料など資材、農業機械などに限定する問題ではありません。篠原さんから指摘があったように日頃から他の生産者や他の分野の関係者と連携しながら生産・供給を安定させたり、生産性を向上させたりする地道な努力を続けていることがものをいいますね。

高島　他の生産者との連携に関して、水産業での成功事例を知っています。私は東日本大震災の復興支援の一環として日本の食文化を育み世界ブランド確立を目指す「東の食の会」に参加しています。その活動の1つに生産者と消費者をつなぎ、三陸の水産業をブランド化することを目指す「フィッシャーマンズ・リーグ」があります。

当初、この活動では継続的な取り引きができないことが問題となっていました。例えば女川のホタテ漁師を東京の居酒屋に紹介し、取り引きを始めるとします。新鮮なホタテを安く仕入れられて居酒屋も喜ぶのですが、女川のホタテシーズンが終わってしまうと途端に品物が途切れてしまう。漁業関係者には横のつながりがなく、むしろ仲が悪いぐらいなので、「隣の浜のホタテなんて紹介できるか」となってしまっていたのです。

ところが、フィッシャーマンズ・リーグの活動が進展するとその関係が変わりました。協力、連携して「女川のものがなくなったから次は石巻から出そう」「その次は十三浜から出そう」と産地間リレーができるようになったのです。これによって居酒屋との継続的な取り引きが可能になり、結果的に漁師のビジネスも安定しました。

この事例から思うのは、産地間競争と産地間連携とは上手なバランスでやる必要があるということ。もちろん、競争すべきところもありますが、連携することでコストを下げたり、競争力を向上させたりできるケースもたくさんある。農業でも検討していくべき問題だと思います。

年収1億円超の農家も

久保　全農は、10年前から地域農業の担い手である農家のみなさんのもとに出向き、聞き取った情報をもとに事業提案を行う「ＴＡＣ（Team for Agricultural

Coordination)」という担当者がＪＡと連携しながら一体となって地域農業をコーディネートしています。この活動の中でも様々な経営改善事例が出てきています。

新潟県のある農業生産法人は、約39ha（３２０筆の圃場）の農地でコメ、大豆、長ネギなどを栽培していました。しかし３２０筆の圃場管理に手間がかかり、経営的に厳しい状況でした。全農とＪＡ越後中央は、情報を共有しながら課題解決策を提示。農業生産管理システムを導入し、品目別年間作業時間の長かったネギの栽培を減らしてキャベツ、タマネギを栽培するよう提案しました。水稲では鉄コーティング直まきを取り入れ、排水機能を持つフォアスも導入。野菜は加工・業務用に販売しました。コメ以外の品目を組み合わせた複合経営で生産性が向上したことによって経営は安定しました。

吉田　関係者がタッグを組み、情報を共有し、知恵を出し合いながら経営を改善させつつあるということですね。連携やネットワークというのはこれからの日本の農業においての重要なキーワードになりそうです。日本の農業はもっと元気になれるのか。元気になるためにはどうしたらいいのか。みなさんひと言ずつお願いします。

澤浦　今、既に元気な農業現場はいっぱいあると思います。例えば昭和村は64㎢の面積に人口7400人。専業農家は800軒あり、耕作放棄地率はわずか0・04%。空いている畑は全くありません。1億円以上の売り上げを獲得している農家は数えきれないほどいます。農家のみなさんは結婚もしているし、後継者もいます。

私は今52歳で、バブルのころに高校を卒業し、農業を継ぎました。当時は「農家になんて嫁いだら大変」と言われた時代。ところが今、昭和村の奥さんたちは、「あぁ、昭和村の農家に嫁ぐのはいいいね」とうらやましがられるそうです。私はちょっと生まれる時代を間違えました（笑）。

元気な農家はあります。きちんと農業経営をしているところであり、お客様を確実に持っているところです。これからはそういう農家を少しでも増やすこと。それが日本の農業の発展につながるのだろうと思います。

匠の技を形式知として日本の農業の力に変える

高島　澤浦さんが農業は究極のところ人づくり、というお話をされていましたが、本当にその通りだと思います。当社も創業以来16年間、いろいろな生産者の方と取り引きをしてきましたが、その結果わかったのは、商品を選んでいるつもりだったけれど、実は人を選んでいたということです。

おいしいものをつくる人は、たとえ天候が不順でも何とかする人が多い。どんなタイプの災害にもある程度対応します。そういう匠の技を持つ人たちは収入も高く、後継者もいて、すごく元気です。これからは、こういう匠の技をいかに形式知にしていくかが非常に大事だと思っています。

２０１６年11月、私たちはアグリテックベンチャーのルートレック・ネットワークスに出資しました。ルートレックはＩｏＴ技術を使って匠の技を形式知化し、生産者の収益を向上させるプラットフォームを提供しています。

具体的にはセンサーでハウス内の日射量や土壌水分量を把握し、最適な水分や肥料量を算出し自動的に供給するもの。経験やノウハウが必要な施肥などの農作業を自動で行い、収穫量の拡大、生産コストの削減、作物の品質向上を実現します。実際、新規就農者の収穫量は格段に向上しています。

日本の農業はもともと、匠の技のレベルがものすごく高い。それを国全体の農業の力に変えていくことで、大きなチャンスが生まれると思っています。

篠原　日本の人口が減っている。そして農業生産者が減っている。こういうマクロの環境を見ると、日本の農業に将来性はあるのか、日本の農業生産力は維持できるのかと思う方が多いと思います。確かに日本の農業は課題があります。しかし、課題があるということは、その課題を解決すれば大きなチャンスになることでもあります。

世界を見た時、日本の農業は大いに有望だと思います。日本が持つ農業技術は非常に魅力的で競争力が高い。もちろん輸出にも可能性があります。競争力の高い日本のポテンシャルを世界に発信することによって、日本の農業自体の大きな変化とステータスの向上が得られるはずです。私たちはそれに貢献していきたいと思っています。

久保　農家、農業生産法人の方たちとお話をしていると、「経営的に厳しい」という声はよく聞きます。ただ、販売先を確実につかむこと、予想した収穫量をきちんと収穫することが可能になれば解決できると考えています。私たちは担い手のみなさんの意見・要望を吸収しながら様々な問題を解決し、農業現場を元気にしていきたいと思っています。

吉田　私は農業関係の取材を10年近く続けてきました。当初は「農協はダメだ」「農業法人は躍進するはず」といった先入観を持っていました。しかし、実際に取材をしてみると、頑張っている農協もあれば、ダメな農業法人もある。うまく連携して成果を出している農協と農業法人もある。つまり様々なパターンがあり、農業界を一色に染めて考えることはできないということがわかりました。

農業界には当然、競争や競合もあります。互いに利害が相反することもありますが、生産者、メーカー、農協、農業法人、そして最終的には消費者が日本の農業と農村のために互いに連携し総力戦を展開すべきではないでしょうか。いよいよそういう時期に来たのだと私は思っています。これから日本の農業がますます発展することを祈りたいと思います。

稼げる農業　AIと人材がここまで変える

2017年5月15日　第1版第1刷発行
2018年3月 9 日　第1版第2刷発行

編　者　日経ビジネス
発行者　高柳正盛
発　行　日経BP社
発　売　日経BPマーケティング
〒105-8308
東京都港区虎ノ門4-3-12
http://business.nikkeibp.co.jp/
装丁　相京厚史（next door design）
制作　朝日メディアインターナショナル株式会社
印刷・製本　中央精版印刷株式会社

ISBN978-4-8222-3694-6